跟着电网企业劳模学 系列培训教材

水电厂设备
精益化巡检

国网浙江省电力有限公司 组编

中国电力出版社
CHINA ELECTRIC POWER PRESS

内 容 提 要

本书是"跟着电网企业劳模学系列培训教材"之《水电厂设备精益化巡检》分册，包括精益化巡检概述、精益化巡检准备、精益化巡检项目和要求、精益化巡检常见缺陷及其处理四章内容。

本书可供水电运维人员学习参考。

图书在版编目（CIP）数据

水电厂设备精益化巡检 / 国网浙江省电力有限公司组编 . —北京：中国电力出版社，2022.3
跟着电网企业劳模学系列培训教材
ISBN 978-7-5198-6486-6

Ⅰ．①水… Ⅱ．①国… Ⅲ．①水力发电站－电气设备－巡回检测－技术培训－教材
Ⅳ．① TV73

中国版本图书馆 CIP 数据核字（2022）第 017482 号

出版发行：中国电力出版社
地　　址：北京市东城区北京站西街 19 号（邮政编码 100005）
网　　址：http://www.cepp.sgcc.com.cn
责任编辑：刘丽平　张冉昕
责任校对：黄　蓓　马　宁
装帧设计：张俊霞　赵姗姗
责任印制：石　雷

印　　刷：三河市万龙印装有限公司
版　　次：2022 年 3 月第一版
印　　次：2022 年 3 月北京第一次印刷
开　　本：710 毫米 ×980 毫米　16 开本
印　　张：10.5
字　　数：148 千字
定　　价：48.00 元

编委会

编写组

丛书序

　　国网浙江省电力有限公司在国家电网有限公司领导下，以努力超越、追求卓越的企业精神，在建设具有卓越竞争力的世界一流能源互联网企业的征途上砥砺前行。建设一支爱岗敬业、精益专注、创新奉献的员工队伍是实现企业发展目标、践行"人民电业为人民"企业宗旨的必然要求和有力支撑。

　　国网浙江省电力有限公司为充分发挥公司系统各级劳模在培训方面的示范引领作用，基于劳模工作室和劳模创新团队，设立劳模培训工作站，对全公司的优秀青年骨干进行培训。通过严格管理和不断创新发展，劳模培训取得了丰硕成果，成为国网浙江省电力有限公司培训的一块品牌。劳模工作室成为传播劳模文化、传承劳模精神，培养电力工匠的主阵地。

　　为了更好地发扬劳模精神，打造精益求精的工匠品质，国网浙江省电力有限公司将多年劳模培训积累的经验、成果和绝活，进行提炼总结，编制了《跟着电网企业劳模学系列培训教材》。该丛书的出版，将对劳模培训起到规范和促进作用，以期加强员工操作技能培训和提升供电服务水平，树立企业良好的社会形象。丛书主要体现了以下特点：

　　一是专业涵盖全，内容精尖。丛书定位为劳模培训教材，涵盖规划、调度、运检、营销等专业，面向具有一定专业基础的业务骨干人员，内容力求精练、前沿，通过本教材的学习可以迅速提升员工技能水平。

　　二是图文并茂，创新展现方式。丛书图文并茂，以图说为主，结合典型案例，将专业知识穿插在案例分析过程中，深入浅出，生动易学。除传统图文外，创新采用二维码链接相关操作视频或动画，激发读者的阅读兴趣，以达到实际、实用、实效的目的。

　　三是展示劳模绝活，传承劳模精神。"一名劳模就是一本教科书"，丛书对劳模事迹、绝活进行了介绍，使其成为劳模精神传承、工匠精神传播的载体和平台，鼓励广大员工向劳模学习，人人争做劳模。

丛书既可作为劳模培训教材，也可作为新员工强化培训教材或电网企业员工自学教材。由于编者水平所限，不到之处在所难免，欢迎广大读者批评指正！

最后向付出辛勤劳动的编写人员表示衷心的感谢！

丛书编委会

前　言

　　设备巡回检查制度是水电厂运维"两票三制"中的一制，是水电厂运维的基本核心工作。设备巡回检查工作的规范化、精益化，有利于巡回检查工作质量提升，可帮助尽早发现设备缺陷、消除隐患，提升设备运行分析水平，为水电厂设备安全稳定运行夯实基础。为适应水电运维一体化管理的发展趋势，进一步规范水电厂的设备巡回检查工作，提升精益化管理水平，国网浙江紧水滩电厂运行劳模创新工作室特编写本书。

　　本书对水电厂日巡检、夜间巡检、周巡检、全面巡检、特殊巡检、红外巡检、后台巡检、智能机器人巡检、设备在线监测装置巡检及智慧水电信息平台数据巡检等内容做出具体描述，以模块化方式展示水电厂设备精益化巡检周期、准备、路线、执行标准及记录要求，并对巡检分析、判断运行状态进行直观、精炼地介绍。

　　本书立足生产现场实际、侧重实际、内容丰富，具有实用性和针对性。通过对本书的学习，读者可以快速掌握水电厂精益化巡检技术，提高自身的业务水平和工作能力。

　　限于编写时间和编者水平，书中难免有不妥或疏漏之处，欢迎专家和读者批评指正。

编　者

2022 年 2 月

目　录

运行劳模创新工作室简介

　　国网浙江紧水滩电厂运行劳模创新工作室以 5 位劳模为引领，汇聚了电厂水电运维方面的优秀技术专家、技能骨干共 20 余人。工作室自成立以来，聚焦电厂转型发展，扎根生产一线，立足水电厂智能运维技术创新领域，弘扬"诚信、责任、创新、奉献"核心价值，推动职工创新工作"走在前、做示范"，助力打造常规水电厂转型发展示范窗口。至今，工作室开展了"水电厂机器人智能化关键技术研究及实践""基于'物联网'的作业现场安全管控技术研究及实践""基于'互联网＋'的运维技术推动传统水电运维模式的变革"等项目的创新和实践。

　　近年来，围绕激活电厂"一群人、一库水"工作目标，工作室响应电厂"深扎根"人才培养计划和首席内训师培养计划，积极打造"以点带面""以师带徒"发展模式，充分发挥先进典型的"头雁"作用，激发职工创新热情和创造活力。如今，电厂新一批技术技能骨干在工作室的辐射作用下茁壮成长，总体呈现出了创新人才不断涌现、创新智慧充分释放的良好态势。

　　工作室"敏于观察，勤于思考，善于综合，勇于创新"，团队以时代劳模为榜样，以科技创新为己任，将持续为智慧水电厂的建设砥砺前行。

第一章

精益化
巡检概述

第一节　精益化巡检概念及特点

水电厂精益化巡检是指水电厂具备独立当班资格的运维人员按照精益化巡检的项目与内容，对水电厂内设备进行巡回检查的工作。与传统巡检相比，精益化巡检具有以下特点：

（1）注重细节，巡检全面规范。精益化巡检针对水电厂的全部设备，从大到厂房、发电机机组、主变压器，小到屏柜空开、压板、端子，均建立了详细的巡检项目和对应的巡检要求，保证了巡检的全面性和规范性。

（2）立足专业，减轻人员技术水平对巡检质量的影响。精益化巡检项目及内容经过各专业人员评审，确保符合现场实际，巡检人员只要对照内容进行巡检，均能达到良好的巡检质量，减轻了巡检质量对人员技术水平的依赖。

（3）数据量化，及早发现缺陷。精益化巡检针对巡检过程中抄录的数据建立了标准，通过对数据进行量化处理，确保能及时发现设备缺陷，消除事故隐患，保障安全生产。

第二节　精益化巡检对象

精益化巡检面向的对象为常规水电厂内的所有设备，巡检的主要设备有：

（1）大坝设备，主要包括机组进水口闸门及其控制系统等设备。

（2）主厂房设备，主要包括水轮机、发电机、调速器、励磁系统、机组继电保护及自动装置、水轮发电机组油水风系统等设备。

（3）副厂房设备，主要包括机组断路器、整流变压器、厂用电系统、坝区系统、直流系统等设备。

（4）升压站设备，主要包括主变压器及其冷却系统设备等设备。

（5）开关站设备，主要包括 220kV 母线、线路、高频阻波器、耦合电容器、结合滤波器、220kV 断路器、隔离开关、电流互感器、电压互感器等设备。

（6）继保室设备，分为主厂房继保室和开关站继保室。

1）主厂房继保室主要包括主变压器保护装置、厂用变压器保护装置、坝区变压器保护装置、220kV 线路过载联切装置等设备。

2）开关站继保室主要包括 220kV 母线保护装置、220kV 母线电压并列装置、220kV 母联断路器保护装置、220kV 线路保护装置等设备。

（7）中控室设备，主要包括计算机监控系统、"五防"系统、智慧水电信息平台、机器人后台等设备。

第三节　精益化巡检总体要求

一、电气设备一般检查要求

（1）一次设备所处的状态与运行方式及模拟图板相符。

（2）充油设备油色、油温、油面正常，无渗漏油。高压电缆无过热老化现象。充气体绝缘介质设备的气体介质压力在正常范围内。

（3）瓷质设备无裂纹、污垢及放电闪络现象，无结冰和覆冰现象。

（4）设备工作与保护外壳接地装置应良好。

（5）断路器、隔离开关、母线、引线：示温片无熔化，无变色、无变形现象，设备无异常声音及发热引起的热气流现象。

（6）设备标示牌悬挂齐全、正确，符合规范，室内通风良好，符合设备运行要求。

二、一次设备随季节及天气变化，应进行重点检查

（1）冰雪天：检查接线端子及各接触点处的积雪是否溶化或冒蒸汽，无严重覆冰现象。

（2）雨天：检查户外设备柜门是否关闭，柜内有无漏水；检查室内有

3

无漏水、进水,高压设备有无放电现象。

(3)大风天:屋外引线是否剧烈摆动,安全距离有无问题,各处有无挂搭异物。

(4)化雪天:检查各处有无结冰溜现象。

(5)大雾天:检查户外设备有无异常电晕放电。

(6)降雹天:检查户外玻璃、塑料罩及瓷质设备有无被打坏。

(7)春秋季:检查阻波器内、构架上有无鸟巢及杂物,端子箱内有无蜂窝。

(8)冬季:检查户外有关水管路中有无结冰,检查户外设备油位、SF_6压力是否正常;气温低于5℃时,加热器有无投入,如无投入,应予投入。

(9)夏季:检查户外设备油位、SF_6压力是否正常,充油设备有无渗漏油,主变压器温度是否在正常范围。

三、继电保护及自动装置的巡回检查项目

(1)继电器、保护装置面罩完好,无异味、过热现象。

(2)微机保护装置时钟显示准确,盘面各指示灯指示正常,液晶屏内各电气运行参数与实际运行情况相符,差流正常,打印纸充足。

(3)可视继电器接点位置正确,动静接点间距离符合要求,无抖动、粘住、异声等不良现象。

(4)各电源开关、连接片、引出压板、电流试验部件、隔离开关位置正确,自动开关、切换开关位置正确。

(5)端子箱门应锁好,控制屏门应关好。

第四节　精益化巡检类别及周期

水电厂精益化巡检类别包括日巡检、夜间巡检、周巡检、全面巡检、熄灯巡检、特殊巡检、设备在线监测装置巡检及智慧水电信息平台数据巡检等。

一、日巡检

1. 执行周期

日巡检的执行周期为每日 1 次。

2. 主要巡检内容

日巡检的主要巡检内容为：主厂房发电机层和水轮机层设备，上游副厂房▽109m 高程设备（空压机室、空调机室、雨水排水泵房），下游副厂房▽102.6m 高程设备，厂配室、直流配电室、坝区配电室设备，坝顶设备，开关站继保室，厂房继保室设备。（日巡检以检查盘面信号是否告警、运行数据是否正常及设备的外观有无异常、有无声响、有无渗漏等情况为主，一般不进行开箱检查。）

二、夜间巡检

1. 执行周期

夜间巡检的执行周期为每日 1 次。

2. 主要巡检内容

夜间巡检的主要巡检内容为：主厂房发电机层和水轮机层设备。

三、周巡检

1. 执行周期

周巡检的执行周期为每周 1 次。

2. 主要巡检内容

周巡检的主要巡检内容为：在日巡检内容的基础上增加升压站、开关站设备，▽95m 廊道、▽98m 高程设备。

四、全面巡检

1. 执行周期

全面巡检的执行周期为每月 1 次。

2. 主要巡检内容

全面巡检的主要巡检内容为：以精益化巡检为准，值守长根据每月的工作计划，合理安排人员分几天时间对全厂设备进行一次全面、细致的巡检。（在日巡检的基础上对站内设备开启箱门检查，并分析整个月日巡检记录的数据是否正常。）

五、熄灯巡检

1. 执行周期

熄灯巡检的执行周期为每月 1 次。

2. 主要巡检内容

熄灯巡检指夜间熄灯开展的巡检，重点检查全厂一次设备有无电晕、放电，接头有无过热现象。

六、特殊巡检

1. 执行周期

特殊巡检在以下情况下执行：

（1）大风后、雷雨后、冰雪、冰雹、雾霾。

（2）新设备投入运行后。

（3）设备经过大修、改造或长期停运后重新投入系统运行后。

（4）设备缺陷、跳闸等异常情况。

（5）上级通知有重要保供电任务时。

2. 主要巡检内容

特殊巡检根据各种特殊情况，值守长安排人员针对相关设备进行特殊巡检。

七、设备在线监测及智慧水电信息平台数据巡检

1. 执行周期

设备在线监测及智慧水电信息平台数据巡检的执行周期为每日 1 次。

2. 主要巡检内容

设备在线监测及智慧水电信息平台数据巡检的主要巡检内容有主变压器油色谱、机组状态监测在线监测装置巡检及智慧水电信息平台机组运行数据巡检。

第五节　精益化巡检路线

水电厂精益化巡检路线为：值班室→主厂房发电机层→主厂房水电机层→▽95m 廊道→发电机层上游副厂房→坝顶→升压站→水轮机层下游副厂房→10.5kV 母线道→▽98m 高程→电缆道→220kV 开关站→220kV 开关站继保室→厂房继保室→中控室→值班室。

第二章

精益化
巡检准备

第一节　人员要求

水电厂精益化巡检对人员主要有安规考试、身体健康、着装、业务技能、熟悉设备等方面的要求，具体有：

（1）作业人员经年度国家电网公司电力安全工作规程考试合格。

（2）无妨碍工作的病症，人员精神状态正常，着装符合要求。

（3）具备必要的电气、机械知识和业务技能，持有本专业职业资格证书，当班考试合格。

（4）熟悉本专责设备的运行方式、缺陷情况。

（5）熟悉设备运行方式，了解设备性能及工作状态。

第二节　危险点分析

水电厂执行精益化巡检工作过程中存在的危险点主要有：

（1）误碰、误动、误登运行设备。

（2）擅自移动临时安全围栏，擅自跨越设备固定围栏。

（3）发现缺陷及异常时，未及时汇报；未经许可，单人处理。

（4）擅自改变检修设备状态，变更工作地点安全措施。

（5）巡检时，与高压设备保持距离不够，造成人员触电伤害。

（6）雷雨天气，靠近避雷器和避雷针，造成人员伤害。

（7）高压设备发生接地时，靠近接地点，造成人员受跨步电压伤害。

（8）使用不合格的安全工器具，造成人员伤害。

（9）夜间巡检，造成人员碰伤、摔伤、踩空。

（10）在禁止使用移动通信工具的地方，使用通信设备造成干扰、误动等。

（11）开、关设备门时振动过大，造成设备误动作。

（12）进出高压室或继保室、控制室时未随手关门，造成小动物进入。

（13）不戴安全帽，不按规定着装，在突发事件时失去保护。

（14）未按照巡检线路巡检，造成巡检不到位，漏巡检。

（15）风洞内检查与转动部分安全距离不够，发生人身伤害及设备事故。

（16）生产现场未配备急救箱，受伤人员得不到紧急处置。

（17）生产现场安全措施不规范，如警告标示不齐全、井坑孔洞封锁不良、带电设备隔离不符合要求，易造成人员伤害。

（18）人员身体状况不适、思想波动，造成巡检质量不高或发生人身伤害。

第三节 预控措施

水电厂执行精益化巡检工作过程中存在的危险点对应的预控措施有：

（1）巡检前，检查所使用的巡检工器具完好。

（2）巡检时应与带电设备保持足够的安全距离。（10kV—0.7m；110kV—1.5m；220kV—3.0m）

（3）巡检时，不得进行其他工作，不得移开或越过遮栏。

（4）高压设备发生接地时，室内不得接近故障点 4m 以内，室外不得接近故障点 8m 以内。进入上述范围人员必须穿绝缘靴，接触设备的外壳和构架时，必须戴绝缘手套。

（5）雷雨天气时，不得靠近避雷器和避雷针。

（6）开、关设备门时应小心谨慎，防止过大振动。

（7）巡检配电装置，进出高压室或控制室、继保室时必须随手将门窗关好。

（8）巡检过程中（继保室除外），必须戴安全帽，严格按规定着装。

（9）发现设备缺陷及异常时，及时汇报，采取相应措施，不得擅自处理。

（10）巡检时，禁止变更检修现场安全措施，禁止改变检修设备状态。

（11）严格按照巡检线路巡检。

（12）严禁不符合巡检人员要求者进行巡检。

（13）巡检过程中，发现机组断路器 SF_6 气体泄漏时，必须及时汇报，注意规避，不得在现场久留。

（14）夜间巡检，应用时开启设备区照明。

（15）中控室配有急救药箱，经常检查急救药箱内的急救药品，如不足或过期应及时补充或更换。

第四节　巡检工器具

水电厂执行精益化巡检工作需准备的工器具如表 2-1 所示。

表 2-1　　　　　　　　　水电厂精益化巡检工器具

序号	名称	单位	数量
1	安全帽	顶	1
2	绝缘鞋	双	1
3	应急灯	盏	1
4	巡检钥匙	把	1

第三章

精益化巡检
项目和要求

第一节　主厂房发电机层设备

主厂房发电机层精益化巡检总体要求有：

（1）发电机层照明正常，窗户完好，屋顶及墙面无漏水，地面整洁，无异音、异味，发电机围栏摆放整齐。

（2）设备命名牌正确、完整无缺失。

一、压油装置

外观正常，无异音、异味及其他异常现象，各部位无漏油漏气。

（一）压油槽

（1）压油槽油压值正常（2.3～2.5MPa），记录压力值（单位：MPa）。

（2）压油槽油位正常（油气比例1∶2），记录油位（单位：cm）。

（3）压油装置正常工作油压变化应在工作油压的±5％以内。

（4）压油槽各压力控制开关进油阀在"开启"位置，无渗漏油。

（5）压油槽空气安全隔离阀＊325阀在"开启"位置，安全阀无异常。（注：＊表示相应机组编号，可选择1～6，如1325阀代表1号机压油槽空气安全隔离阀，以下类同）。

（6）压油槽自动补气装置投入运行正常（压油槽自动充气装置进气阀＊326阀开、压油槽充气总进气阀＊328阀开、压油槽手动充气进气阀＊327阀关、压油槽排气阀＊331阀关）。

（7）压油槽进气压力表指示正常。各管路阀门无漏气。

（8）压油槽出油阀＊103阀位置在"开启"位置，无渗漏。

（二）集油槽

集油槽油位正常，记录油位（单位：cm）。

（三）压油泵

（1）压油泵及电动机运转声音、外壳温度正常，无剧烈振动，安全阀动作正确。

（2）压油泵启、停动作值与整定值的偏差不超过±2%。

（3）各阀门位置正确，不漏油漏气。

（四）油压装置控制柜

（1）1号、2号压油泵控制电源指示灯亮。

（2）1号、2号压油泵控制方式切换开关放"自动"位置。

（3）1号、2号压油泵交流电机固态控制交流输入开关QF01、QF02在"合上"位置。

（4）施耐德ATS22D62Q型软启动控制器上绿色Rdy灯亮，显示屏显示"Rdy"。

（5）柜内无异味，各空气开关位置正确。恒温控制器工作正常。接触器无异常，电缆孔、洞封堵严密。

（五）其他

发电机层灭火器具完整。

二、调速器

调速器外观正常，无异音、异味及其他异常现象，各部位无渗漏油。

（一）控制柜

调速器控制柜示例图如图3-1所示。

（1）机组处于热备用状态时，"交流电源、直流电源、锁定拔出"指示灯亮；机组处于运行状态时，"断路器（合）、交流电源、直流电源、锁定拔出"指示灯亮；面板上无故障信号。人机对话屏显示与机组状态实际相符。

（2）远方/现地切换开关在"远方"，机手动/电动（导叶工作模式）切换开关在"电动"（自动），报警及复位灯、紧急停机灯不亮。

（3）柜内各空气开关在"合"位，各模块工作正常。

（4）调速器一次调频功能在"投入"位置。

（二）机械柜

（1）调速器滤油器后油压正常，记录压力值（单位：MPa）。

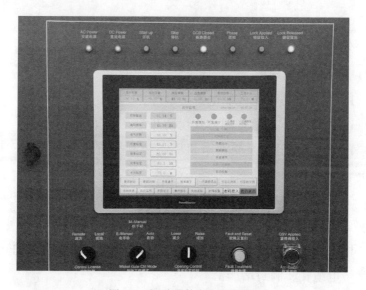

图 3-1 调速器控制柜示例图

（2）滤油器无堵塞现象，油管接头无渗漏油。

（3）机组运行时调速器无抽动现象。

三、上机架

上机架外观正常，无异音、异味及其他异常现象，地面清洁无杂物。

（一）转子炭刷

（1）滑环表面不发黑，电刷不过热，在刷框内无跳动，不发卡，无炭末堆积和油污。运行声音正常。

（2）转子引线连接良好，无过热、变色、绝缘老化现象。

（3）炭刷周围没有火花。

（二）推力油槽

（1）推力油槽油色合格，油位正常（以上导抗重螺丝中心为"0"），无漏油及甩油。

（2）推力油槽外壳温度不过热，油位显示器接头无渗油。

（3）发电机和上机架的摆度和振动在正常范围内。

（4）记录推力油槽油位（单位：cm）。

四、上风洞

（1）上风洞内无异音、异味及其他异常现象，地面清洁无杂物。

（2）空气冷却器无漏水，凝露不大，温度均匀，各管路法兰接头不漏水，各端子及接线无异常现象。

（3）定子端部及引出线无异常现象。

（4）各管路无漏油、漏水现象。火灾报警监测探点无异常，接线无脱落现象。

五、机组状态监测屏

机组状态监测屏示例图如图 3-2 所示。

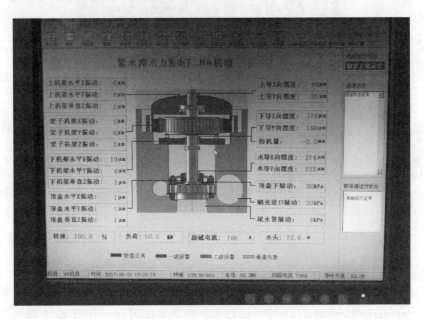

图 3-2　机组状态监测屏示例图

（1）机组状态监测屏外观正常，无异音、异味及其他异常现象。

（2）逆变电源运行正常，～/－、－/～灯亮，其他灯灭。

（3）TN8016 传感器电源运行正常，＋24V、－24V、＋12V、－12V灯亮，24V灯灭。

（4）监控屏人机对话界面上，机组运行状态与实际相符、机组通道状态正常、机组数据箱运行状态正常、机组各监测点在规定范围内。开机后各点振动、摆度变化趋势是否正常。

（5）TN8000 故障诊断系统 POWER 灯亮，各插件运行正常。

（6）TN600 振动监测保护系统液晶屏显示振动数值正常，无异常报警。振摆保护1、振摆保护2停机出口压板在"放上"位置。

（7）屏内空气开关位置正确，无异味，电缆孔、洞封堵严密。

六、励磁调节器

励磁调节器监控屏示例图如图 3-3 所示。

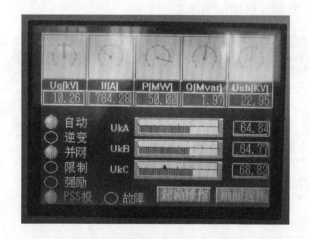

图 3-3　励磁调节器监控屏示例图

（1）励磁调节器外观正常，无异音、异味及其他异常现象。

（2）监控屏 A 通道运行、B 通道备用指示灯亮；B 通道运行、C 通道运行、C 通道备用指示灯不亮。整流/逆变切换开关 SA03 在"整流"位置。人机对话画面显示与机组实际状态相符，无故障。

（3）机组励磁24V交流电源空气开关 QF01、机组励磁24V直流电源空气开关 QF02 在"合上"。机组备用时，励磁调节器 A 套：5、13、14、19、20灯亮；B套：5、14、19、20灯亮；励磁调节器 A 套、B 套：4运行闪烁灯亮、8 故障检测灯亮。

（4）机组运行时，励磁调节器 A 套：13、14、19、20 灯亮；B 套：14、19、20 灯亮；励磁调节器 A 套、B 套：4 运行闪烁灯、8 故障检测灯、6 机组电压 10％Ue 灯、7 机组电压 40％Ue 灯、9 开机令灯、断路器灯亮。

（5）机组零升压板 5LP 放"切"。

（6）柜后励磁调节器 A 套 12V 电源开关 QF03 放"ON"位置，励磁调节器 B 套 12V 电源开关 QF04 放"ON"位置。

（7）柜内空气开关位置正确，熔丝完好，无异味，电缆孔、洞封堵严密。

七、励磁功率柜

励磁功率柜监控屏示例图如图 3-4 所示。

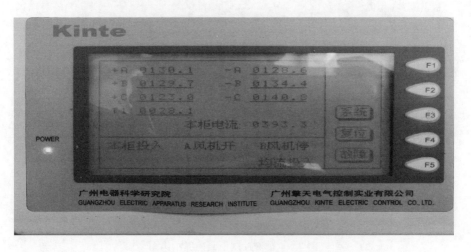

图 3-4　励磁功率柜监控屏示例图

（1）励磁功率柜外观正常，无异音、异味及其他异常现象。

（2）监控屏人机对话画面显示与机组状态相符，无故障。机组运行时，1 号（2 号）励磁功率柜励磁电流三相基本平衡。

（3）1 号（2 号）励磁功率柜脉冲投/切开关 QF23（QF33）在"投入"

（目前开关 OFF 位置是投入位置。）

（4）1号（2号）励磁功率柜晶闸管输入电源闸刀 QS21（QS31）在"合上"；1号（2号）励磁功率柜晶闸管输出电源闸刀 QS22（QS32）在"合上"。

（5）1号（2号）励磁功率柜 A 风机电源空气开关 QF21（QF31）在"合上"；1号（2号）励磁功率柜 B 风机电源空气开关 QF22（QF32）在"合上"。

（6）1号（2号）励磁功率柜内无异常。空气开关位置正确，无异味，电缆孔、洞封堵严密。

八、励磁控制柜

励磁控制柜监控屏示例图如图 3-5 所示。

图 3-5　励磁控制柜监控屏示例图

（1）励磁控制柜外观正常，无异音、异味及其他异常现象。

（2）监控屏人机对话显示与机组实际状态相符，无故障信号。

（3）机组励磁交流 380V 电源（1）空气开关 QF61 在"合上"位置。

（4）机组励磁交流 380V 电源（2）空气开关 QF62 在"合上"位置。

（5）机组励磁直流 220V 电源（1）空气开关 QF63 在"合上"位置。

（6）机组励磁直流 220V 电源（2）空气开关 QF64 在"合上"位置。

（7）机组励磁直流助磁电源空气开关 QF65 在"合上"位置。

（8）磁场断路器分合闸位置与机组实际状态一致，储能正常。

（9）柜内空气开关位置正确，无异味，电缆孔、洞封堵严密。

九、温度保护、气制动盘

外观正常，无异音、异味及其他异常现象，各部位无漏气。

（一）温度保护

（1）各轴承、油温、冷风、热风及线圈温度无异常升高，各温度显示正常。

（2）柜内空气开关位置正确，二次接线无异常现象。

（二）制动系统

（1）制动系统在自动位置〔制动进气阀＊310 阀开；手动加闸操作阀 SDF1 在"中间"位置；手、自动加闸切换阀 SDF2 在"自动"位置；手、自动加闸切换阀 SDF3 在"自动"位置；加闸备用（高压）进气阀＊329 阀关、加阀备用（低压）进气阀＊330 阀关〕，管道阀门、法兰接口，无漏气现象，阀门位置正确。机组温度保护电源空气开关在"合上"位置。

（2）制动风压压力表指示正常（风压大于 0.4MPa）。

（3）电缆孔、洞封堵严密。

十、机旁动力柜

（1）外观正常，无异音、异味及其他异常现象。

（2）动力柜电压表电压指示正常（360～420V），电源指示灯亮；选择开关在"auto"位置，U_n、U_R 指示灯亮，fault 故障报警灯不亮。

（3）Ⅰ段电源开关、Ⅱ段电源开关位置指示正确，储能正常。

（4）Ⅰ段电源开关控制空气开关 ZKK1、Ⅱ段电源开关控制空气开关 ZKK2 在"合上"位置，控制熔丝完好。

（5）柜内各空气开关位置正确。一次接线头无接触不良，二次接线无异常现象，电缆孔、洞封堵严密。

十一、发电机 LCU 屏（一）

监控系统显示屏示例图如图 3-6 所示。

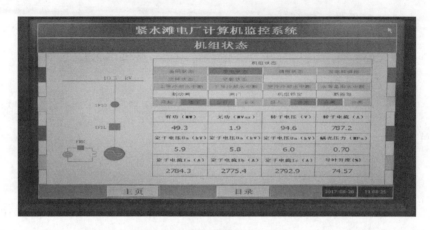

图 3-6　监控系统显示屏示例图

（1）外观正常，无异音、异味及其他异常现象。

（2）ZX100 电源 IN1、OUT1、IN2、OUT2 灯亮。

（3）显示屏正常在屏保状态，查看机组各运行参数正确，光字牌无异常报警。

（4）远方/现地操作把手在"远方"位置，事故配压阀操作把手在"0"位置。

（5）各操作按钮封盖完好。

（6）槽机箱各插件运行正常。

（7）各继电器动作正常，主机 PLC 保护投入压板放上。

（8）屏后各空气开关位置正确，智能温湿度控制器工作正常。各端子及接线无异常现象，电缆孔、洞封堵严密。

十二、发电机 LCU 屏（二）

（1）外观正常，无异音、异味及其他异常现象。

（2）ZX100 电源 IN1、OUT1、IN2、OUT2 灯亮。

（3）机组状态指示灯与实际运行状态相符，机组事故、水机保护动作指示灯灭。

（4）ZX-400A 型微机准同期装置无异常。

（5）ZX500 手动准同期装置调压、断路器操作、调频切换开关在"退出"位置，同期方式切换开关在"自准"位置。

（6）槽机箱各插件运行正常。

（7）各继电器动作正常，水机 PLC 保护投入压板放上。

（8）屏后各空气开关位置正确，智能温湿度控制器工作正常。各端子及接线无异常现象，电缆孔、洞封堵严密。

十三、微机保护屏

微机保护屏示例图如图 3-7 所示。

（1）外观正常，无异音、异味及其他异常现象及其他异常现象。

（2）GS-311C 操作箱开关位置显示与机组状态一致，其对应指示灯亮。

（3）SEL 保护面板指示灯"EN"常亮，机组运行时 BKRCLOSED 灯亮；各保护动作指示灯灭。

（4）各保护投入、出口压板放上，连接片接触良好，螺丝拧紧。

（5）开机时记录机组差流（SEL-300G 保护标准为小于 $0.1I_e$）。（测差流方法：按 STATUS 键一次，再按上、下、左、右键将光标移至 DIFF 下面，再按 SELECT 键一次，记录液晶屏显示的 IOP1、IOP2、IOP3，再按 CANCEL 键两次退出）

（6）轴电流保护装置运行正常，无报警。

（7）屏后各空气开关位置正确。

（8）屏内二次各端子及接线无异常现象，电缆孔、洞封堵严密。

图 3-7　微机保护屏示例图

十四、电气测量屏

（1）外观正常，无异音、异味及其他异常现象。

（2）规约转换装置工作正常。

（3）SJ-22D 转速测控装置显示正确。

（4）机组电能表工作正常。

（5）PSR 661U 综合测控装置 GPS、运行灯亮，装置显示正确。

（6）交采检修投入压板 6XB1 在"取下"。

（7）屏后各空气开关均在"合上"位置，各端子及接线无异常现象。

（8）屏内无异味、电缆孔、洞封堵严密。

十五、10.5kV 单元故障录波器屏

FH-3000S 故障录波监测装置显示屏示例图如图 3-8 所示。

（1）外观正常，无异音、异味及其他异常现象。

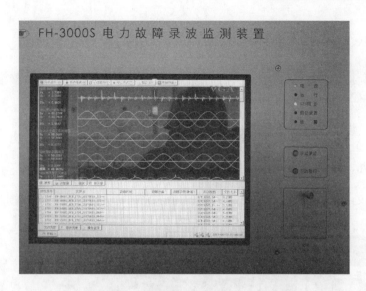

图 3-8　FH-3000S 故障录波监测装置显示屏示例图

（2）FH-3000S 故障录波监测装置的电源、GPS 同步灯亮，运行灯闪亮，无告警信号。人机对话画面操作正常。（Ⅰ单元故障录波器）

（3）YS-900A 故障录波及测距装置电源灯亮，运行灯闪亮，无异常告警信号。人机对话画面操作正常。在线分析装置运行正常。（Ⅰ、Ⅱ单元故障录波器）

（4）屏后各端子及接线无异常现象，电缆孔、洞封堵严密。

十六、机组事故照明箱

（1）事故照明箱内各空气开关在"合"位置。

（2）事故照明箱内无异味，电缆孔、洞封堵严密。

（3）事故照明良好。

十七、机组工作照明箱

（1）工作照明箱内各空气开关在"合"位置。

（2）工作照明箱内无异味，电缆孔、洞封堵严密。

（3）工作照明良好。

十八、检修排水泵系统

（1）检修排水泵系统无异音、异味冒烟等异常现象，地面整洁，水泵盘根无喷水现象。

（2）设备命名牌正确、完整无缺失。

十九、检修排水泵控制柜

检修排水泵软启动装置液晶屏示例图如图3-9所示。

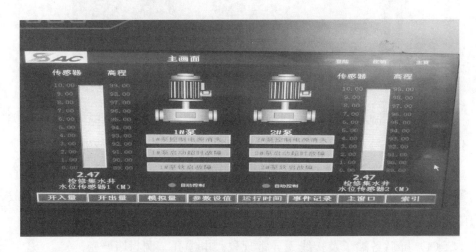

图3-9　检修排水泵软启动装置液晶屏示例图

（1）1号、2号检修排水泵控制电源灯亮，故障灯不亮。运行灯与水泵实际状态对应。

（2）软启动装置液晶屏显示正常，两台检修排水泵运行方式在"自动控制"位置；水位显示正常（3.2m主用启动，3.4m备用启动，2.2m水泵停止，3.8m水位过高报警）。

（3）1号、2号检修排水泵控制方式放在"自动"位置。

（4）柜内1号、2号检修排水泵三相动力电源空气开关DL1、DL2有合上，直流24V电源空气开关QF3，1号、2号排水泵控制电源空气开关QF4、QF5在"合上"，软启装置运行正常。

（5）柜内一次接线接触良好，二次接线无异常现象，电缆孔、洞封堵严密。

二十、检修排水泵

（1）检修排水泵润滑油色、油位正常（中心红点为正常油位）。盘根无漏水喷水现象。

（2）检修排水泵在启动或运行时，无异常声音、剧烈振动。电机外壳无过热。

（3）检修排水泵出水阀 J201（J202）阀、轴承润滑水进水阀 J203（J204）阀在"全开"位置，逆止阀无异常。

（4）各管路、阀门、法兰接口无漏水现象。

（5）检修集水井水位正常，井口封盖正常，井内无杂物。

第二节　主厂房水轮机层设备

主厂房水轮机层设备重点检查照明正常，屋顶及墙面无漏水，地面整洁，各管路防凝露包覆完好、无漏水漏油、漏气，阀门状态正常，各处压力、流量指示正常，控制回路正常，无异音、异味，设备命名牌正确、完整无缺失及其他异常现象。

一、左岸坝前引水

（1）左岸坝前引水屋顶及墙面无漏水，地面整洁，无杂物堆放。

（2）各管路防凝露包覆完好，无漏水。

（3）设备命名牌正确、完整无缺失。

（4）记录左岸坝前引水滤过器前压力表压力值（0.55～0.8MPa）。

（5）记录左岸坝前引水滤过器后压力表压力值（0.55～0.8MPa）。

（6）左岸坝前引水滤过器前后压力表水压压差在正常范围。

（7）左岸坝前引水阀滤过器进水阀 252 阀在"全开"位置，左岸坝前引水总滤过器排水阀 253 阀在"全关"位置，2 号全厂供水总管左岸进水阀 254 阀、上游左岸通风机冷却水引水阀 256 阀、1 号全厂供水总管左岸进水阀 255 阀、左岸消防水引水进水阀 X204 阀、下游副厂房左岸消防引水阀 X201 阀在"全开"位置。

（8）各管道、阀门、法兰接口，无渗漏水。

二、技术供水系统

技术供水系统屋顶及墙面无漏水，地面整洁，无杂物堆放。各管路防凝露包覆完好、无漏水。

（一）蜗壳引水滤过器

（1）记录蜗壳引水滤过器前压力表压力值（0.55~0.8MPa）。

（2）记录蜗壳引水滤过器后压力表压力值（0.55~0.8MPa）。

（3）蜗壳滤过器前后压力表水压差在正常范围。

（4）蜗壳引水阀 * 201 阀在"全开"位置，蜗壳引水滤过器排水阀 * 203 阀在"全关"位置。

（二）技术供水管路阀门

（1）主供水减压阀 * 202 阀工作正常，主供水隔离阀 * 200 在"全开"位置，备用水进水阀 * 204 阀在"关闭"位置，水导备用水检修阀 * 245 阀在"全开"位置，发电机消防栓引水阀 X * 246 阀在"全开"位置，主供水电磁阀 5DP 位置（投入或退出）与机组状态相对应。

（2）推力、下导、空气冷却器进水阀 * 206、* 207、* 208 阀在"开启"位置，各部水压正常（与机组状态相对应）。

（3）各管道、阀门、法兰接口无渗漏水。

（4）推力冷却器水压正常（0.15~0.2MPa），记录压力值（单位：MPa）。

（5）下导冷却器水压正常（0.15~0.2MPa），记录压力值（单位：MPa）。

（6）空气冷却器总水压正常（单位：MPa），记录压力值（单位：

MPa)。

（7）1 号空气冷却器水压正常（0.15～0.2MPa），记录压力值（单位：MPa)。

三、漏油泵室

漏油泵室屋顶及墙面无漏水，地面整洁，无杂物堆放。各管路防凝露包覆完好、无漏油漏水。

（一）漏油泵控制箱

（1）漏油泵控制电源指示灯亮，切换开关 3QK 在“自动”位置。

（2）漏油泵控制箱内漏油泵动力电源空气开关 QF1、漏油泵控制电源空气开关 QF2 在“合上”位置。

（3）箱内无异味，电缆孔、洞封堵严密。

（二）漏油泵

（1）漏油泵出油阀＊126 阀在“全开”位置，电机运转声音正常，无打空泵现象。

（2）漏油箱油位正常（60～200mm)。

（3）回复机构各部件在正常工作位置，润滑良好，主令控制器各端子及接线无异常现象。

（4）各管路、阀门、法兰接口无渗漏。

四、调相、尾水管补气装置

（1）调相压水进气阀＊315 阀、尾水管十字架自然补气进气阀＊319 阀在“全开”位置，尾水管十字架强迫补气进气阀＊320 在“全关”位置，逆止阀无异常。

（2）调相压水电磁阀 3DP 在“复归”位置。

（3）调相压水进气管道、阀门、法兰接口无漏气。

五、水车室

水轮机运转状况正常，无异音，各部位无漏油，顶盖无满水现象。

(一)主轴

(1) 机械过速 140％装置"复归"位置。

(2) 水轮机大轴摆度在允许摆度内（0.35mm），记录摆度值（单位：mm）。

(二)水导

(1) 水导运行正常，无异音、喷水现象。排水正常。

(2) 水导水压正常（0.1～0.14MPa，为1号、2号、3号、4号、6号机静止水压；5号机静止水压为：0.10～0.22MPa）。

(三)接力器

(1) 接力器无抽动摆动现象，锁锭拔出，管路无渗漏油。

(2) 1号接力器排油阀＊115、＊116阀；2号接力器排油阀＊113、＊114阀在"全关"；阀门无渗漏油。

(四)顶盖、控制环

(1) 顶盖排水畅通，无杂物和大量积水，顶盖水箱排水无减小及变大趋势。顶盖水压正常。水导水压正常，记录压力值（单位：MPa）（静止水压1～4号、6号机为0.1～0.14MPa，5号机为0.1～0.22MPa）。

(2) 导叶剪断销装置完好，双连臂背帽及连接销子、半圆键不松动，拐、连臂间无杂物，导叶轴套筒不漏水。

(3) 真空破坏阀无漏水，顶盖排水正常。

六、下风洞

(1) 下风洞内无异音、异味、电晕及杂物，风温正常，排水沟无积水。

(2) 下导油槽无甩油现象，各管路、阀门、法兰接口，无渗漏油、漏水。

(3) 下导油槽油位正常，记录油位（100～180mm）。

(4) 定子线棒无电晕、漏胶、变色等现象，槽楔无脱落，转子端部无异常。

(5) 风闸间隙合格，闸板无变形损坏，风闸位置行程开关不松动，接线良好。制动器闸板在"下落"位置。加闸管路无漏气、漏油。

（6）大轴接地炭刷完好，引线连线可靠，接触良好。

七、中性点引出线

（1）中性点引出线及连接头不发热、变色，螺丝不松动；示温片无熔化及脱落现象。

（2）套管无裂纹、破损或污秽情况。

（3）电流互感器各端子及接线无异常现象。

八、机坑事故照明箱

（1）机坑事故照明各空气开关在"合"位置。

（2）机坑事故照明箱内无异味，电缆孔、洞封堵严密。

（3）机坑事故照明良好。

九、机坑工作照明箱

（1）机坑工作照明各空气开关在"合"位置。

（2）机坑工作照明箱内无异味，电缆孔、洞封堵严密。

（3）机坑工作照明良好。

十、机组测温屏

（1）测温屏外观正常，无异音、异味及其他异常现象。

（2）J-40D温度巡检/保护装置电源灯亮，运行、接收、发送灯闪亮；无故障报报警信号。

（3）温度巡检仪交流电源空气开关 1QF、剪断销信号装置电源空气开关 5QF 在"合"位，恒温控制器工作正常。

（4）屏内无异味，电缆孔、洞封堵严密。

十一、电压互感器端子箱

（1）1号电压互感器低压空气开关 1ZK 在"合"位、2号电压互感器低压空气开关 2ZK 在"合"位、3 号电压互感器低压空气开关 3ZK 在"分"位，无负荷。

（2）箱子内无异味，各端子及接线无异常现象，电缆孔、洞封堵严密，箱门关闭严密。

十二、机组 1 号、2 号电压互感器

（1）1 号、2 号电压互感器运行声音正常，无放电闪络现象，安全防护网罩完好，网门上锁。

（2）1 号、2 号电压互感器隔离开关"合上"，刀片在"合足"位置，高压熔丝放上，接触良好，无发黑现象。

（3）1 号、2 号电压互感器外表清洁、完好，无破裂、损伤放电现象。

（4）1 号、2 号电压互感器隔离开关"五防"锁正确上锁。

（5）2 号机 1 号、2 号电压互感器熔断器手车"工作位置"指示灯亮，带电显示装置指示正常，线电压表指示正常，温湿度控制器工作正常。

十三、机组 3 号电压互感器

（1）3 号电压互感器运行声音正常，无放电闪络现象，安全防护网罩完好，网门上锁。

（2）合上 3 号电压互感器隔离开关，刀片在"合足"位置，高压熔丝放上，接触良好，无发黑现象。

（3）3 号电压互感器外表清洁、完好，无破裂、损伤放电现象。

（4）3 号电压互感器隔离开关"五防"锁正确上锁。

（5）2 号机 3 号电压互感器熔断器手车"工作位置"指示灯亮，带电显示装置指示正常，线电压表指示正常，温湿度控制器工作正常。

十四、定子引出线

（1）定子引出线及连接头不发热、变色，螺丝不松动；示温片无熔化及脱落现象。

(2) 支持绝缘子、套管无裂纹、破损或污秽情况，支架无锈蚀及损伤。

(3) 安全防护网罩完好。

(4) 电流互感器各端子及接线无异常现象。

十五、顶转子油管路系统

(1) 移动式高压顶转子油泵油箱油位正常，电机无异常。

(2) 移动式高压顶转子油泵电源需要用时将动力电源电缆插头接入水轮机层检修电源柜内，正常情况下顶转子油泵动力电源电缆插头拔下。

(3) 顶转子系统各阀门位置正确（顶转子备用阀 * 131 阀开、进油阀 * 132 阀关），管路阀门、法兰接口，无渗漏油、漏气。

十六、空气冷却器进、排水系统

(1) 各管路、阀门、法兰接口无渗漏。

(2) 各空气冷却器进水阀门位置正确，压力正常，记录 12 号空气冷却器水压（0.15～0.2MPa）。

(3) 各空气冷却器排水阀门位置正确，空冷冷却水流量计显示正常（大于 $200m^3/h$）。

十七、推力下导排水系统

(1) 各管路、阀门、法兰接口无渗漏。

(2) 推力、下导冷却器总排水阀 * 237 在"全开"位置，推力、下导冷却器总排水压力表阀指示正常。

(3) 下导、推力上导冷却水流量计显示正常（推力流量大于 $45m^3/h$，下导流量大于 $4.5m^3/h$）。

十八、水导润滑水系统

(1) 各管道阀门、法兰接口、液压阀，无渗漏水、渗油。

（2）水导主用、备用润滑水引水阀＊238、＊241阀，水导主用、备用润滑水进水阀＊240、＊242、阀在"开启"位置；水导主用、备用润滑水滤过器总排水阀＊239（1）、＊239（2）、＊243（1）、＊243（2）阀在"关闭"位置；水导备用水检修阀＊245阀在"开启"位置。

（3）水导压力变送器，压力表、示流器、流量计指示正常（流量大于18m³/h，静止水压1～4号、6号机为0.1～0.14MPa，5号机为0.1～0.22MPa）

（4）水导备用润滑水电磁阀6DP在"复归"位置，进油阀＊108阀在"全开"位置。

（5）水导水压正常（0.1～0.14MPa，为1号、2号、3号、4号、6号机静止水压；5号机静止水压为0.10～0.22MPa）。

十九、水轮机端子箱

（1）投、退锁锭压板在"取下"位置、空气开关在"分"位置。

（2）箱子内无异味，各端子及接线无异常现象，电缆孔、洞封堵严密，箱门关闭严密。

二十、过速限制器

（1）事故电磁阀8DP进油阀＊109阀在"全开"位置。

（2）事故电磁阀8DP在"复归"位置，过速限制器在"复归"位置。

（3）进出油管道、阀门、法兰接口，无渗油。

二十一、水轮机层调速器、压油槽、集油槽油系统

各管路、阀门、法兰接口无渗漏油。

二十二、坝基排水泵系统

（1）坝基排水泵系统无异音、异味、冒烟等异常现象，地面整洁，水泵盘根无喷水现象。

（2）设备命名牌正确、完整无缺失。

二十三、坝基排水泵动力电源柜

（1）动力电源柜电压表电压指示正常（360~420V），选择开关在"auto"位置，U_n、U_R指示灯亮，fault故障报警灯不亮。

（2）Ⅰ段电源开关、Ⅱ段电源开关位置指示正确，储能正常，接线头无接触不良。

（3）Ⅰ段电源开关控制空气开关ZKK1、Ⅱ段电源开关控制空气开关ZKK2在"合上"位置，控制熔丝完好。

（4）1号、2号、3号坝基排水泵电源空气开关在"合上"位置，诱导风机、▽95m廊道照明电源空气开关在"合上"位置。

（5）各引接线无异常现象，电缆孔、洞封堵严密。

二十四、坝基排水泵控制柜

坝基排水泵控制柜示例图如图3-10所示。

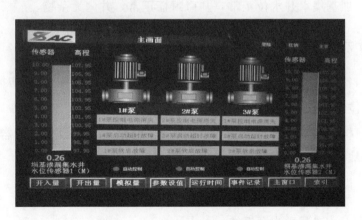

图3-10 坝基排水泵控制柜示例图

（1）3台坝基排水泵控制电源指示灯亮，故障灯灭，启动水泵相对应运行指示灯亮。

(2) YDK-RW-H 型智能软启动液位控制装置柜面显示正常、柜内无异味，熔丝完好。0.25m 坝基排水泵正常停泵；0.55m 第一台泵启动；0.75m 第二台泵启动；0.95m 第三台泵启动；1.05m 水位过高报警。

(3) 3 台坝基排水泵运行切换开关 SA 放"自动控制"位置。

(4) 柜内空气开关位置正确，一次接线接触良好，二次接线无异常现象，电缆孔、洞封堵严密。

二十五、坝基排水泵室

(1) 坝基排水泵在启动或运行时，无异常声音、剧烈振动。电机外壳无过热。

(2) 坝基排水泵出水阀（B201、B202、B203）在"全开"位置。

(3) 坝基排水泵润滑水进水阀（B204、B205、B206）在"全开"位置，打开坝基排水泵储水罐放气阀（B207、B208、B209）阀，检查有水柱喷出，无残存空气。

(4) 逆止阀正常，管路、阀门、法兰接口，无渗漏水现象。

(5) 坝基集水井水位正常，井口封盖正常，井内无杂物。

二十六、诱导风机控制柜

(1) 各风机运行、停止指示灯与实际状态对应，手、自动切换开关放"手动"位置。

(2) 柜内各空气开关位置在"合上"，熔丝完好，照明变压器无异常。柜内无异味，电缆孔、洞封堵严密。

(3) 设备命名牌正确、完整无缺失。

二十七、渗漏排水泵系统

(1) 渗漏排水泵系统无异音、异味、冒烟等异常现象，地面整洁，水泵盘根无喷水现象。

(2) 设备命名牌正确、完整无缺失。

二十八、渗漏排水泵智能液位控制装置屏

（1）智能液位控制装置柜面：水位显示正常（2.6m 停止、3.5m 启动）、电源指示灯亮；1 号、2 号渗漏排水泵手自动切换开关放"自动"，1 号、2 号渗漏排水泵润滑水手动投（退）在"退出"位置。

（2）智能液位控制装置柜内：1 号渗漏排水泵电源空气开关 QF1 号、2 号渗漏排水泵电源空气开关 QF2 在"合上"位置，熔丝完好，柜内无异味、电缆孔、洞封堵严密。

二十九、渗漏排水泵浮子运行控制装置屏

（1）1 号、2 号渗漏排水泵润滑水钮子开关 1K、2K 放"退出"位置，渗漏排水泵浮子运行方式开关 3K 放"切"位置，信号切换开关 ZK 放"软启运行"。

（2）1 号、2 号渗漏排水泵备用电源空气开关 1QK 在"分"位置，1 号、2 号渗漏排水泵备用电源空气开关 4QK、5QK 在"分"位置；1 号、2 号渗漏排水泵主用电源空气开关 2QK、3QK 在"合上"位置。

（3）渗漏排水泵浮子控制电源空气开关 KK 在"分"，浮子信号隔离小开关 4K、5K 在"分"。

（4）柜内无异味，电缆孔、洞封堵严密。

三十、渗漏、检修排水泵动力电源柜

（1）动力电源柜电压表电压指示正常（360～420V），选择开关在"auto"位置，U_n、U_R 指示灯亮，fault 故障报警灯不亮。

（2）Ⅰ段电源开关、Ⅱ段电源开关位置指示正确，储能正常，接线头无接触不良。

（3）Ⅰ段电源开关控制空气开关 ZKK1、Ⅱ段电源开关控制空气开关 ZKK2 在"合上"位置，控制熔丝完好。

（4）渗漏排水泵备用动力电源空气开关 1ZKK、1 号（2 号）检修排水泵

动力电源空气开关 2ZKK、3ZKK、1 号（2 号）渗漏排水泵电源空气开关 4ZKK、5ZKK、10.5kV Ⅲ 单元隔离开关操作电源开关 6ZKK 在"合上"位置。

（5）柜内无异味，电缆孔、洞封堵严密。

三十一、渗漏排水泵

（1）渗漏排水泵润滑油色、油位正常。（中心红点为正常油位）。

（2）渗漏排水泵在启动或运行时，无异常声音、剧烈振动。电机外壳无过热。

（3）1 号（2 号）渗漏排水泵出水阀 S201（S202）、轴承润滑水进水阀 S203（S204）阀在"全开"位置，各阀门无漏水现象。

（4）渗漏排水泵出水逆止阀正常，管路、阀门、法兰接口，无渗漏水现象。

（5）渗漏集水井水位正常，井口封盖正常，井内无杂物。

三十二、消防水泵系统

（1）消防水泵系统无异音、异味、冒烟等异常现象，地面整洁，水泵盘根无喷水现象。

（2）设备命名牌正确、完整无缺失。

三十三、消防水泵控制柜

（1）电源灯亮，切换开关在"手动"位置。

（2）柜内空气开关位置正确，柜内无异味，电缆孔、洞封堵严密。

三十四、消防水泵

（1）消防水泵在启动或运行时，无异常声音、剧烈振动。电机外壳无过热。

（2）1 号（2 号）消防水泵进水阀 X240（X242）、出水阀 X241（X243）

阀在"全开"位置，各阀门无漏水现象。

（3）逆止阀正常，管路、阀门、法兰接口，无渗漏水现象。

三十五、右岸坝前引水

（1）右岸坝前引水屋顶及墙面无漏水，地面整洁，无杂物堆放。各管路防凝露包覆完好、无漏水。

（2）设备命名牌正确、完整无缺失。

（3）记录右岸坝前引水滤过器前压力表压力值（0.55～0.8MPa）。

（4）记录右岸坝前引水滤过器后压力表压力值（0.55～0.8MPa）。

（5）右岸坝前引水滤过器前后压力表水压压差在正常范围。

（6）右岸坝前引水滤过器进水阀262阀在"全开"位置，右岸坝前引水滤过器排水阀265阀在"全关"位置，1号全厂供水总管右岸进水阀261阀在"全开"位置，下游副厂房右岸消防引水阀X203阀在"全开"位置。

（7）各管道、阀门、法兰接口，无渗漏水。

第三节　▽95m廊道设备

廊道巡检重点检查墙面无漏水，排水沟排水正常，地面整洁无积水。

（1）廊道照明良好。墙面无漏水，排水沟排水正常，地面整洁无积水，无杂物堆放。无异音、异味及其他异常现象。

（2）设备命名牌正确、完整无缺失。

（3）▽95m至▽90m廊道联通阀295阀在"全开"位置，地面无积水。

（4）钢管排水阀﹡234阀在"全关"位置、上锁，管路、阀门、法兰接口无漏水现象。

（5）尾水管排水阀﹡235阀在"全关"位置、上锁，地面无积水。

（6）蜗壳进人孔封闭，周边无渗漏水现象。

（7）尾水管进人孔封闭，周边无渗漏水现象。

（8）机组顶盖排压隔离阀在"全开"位置，管路、阀门、法兰接口无漏水现象。

（9）▽95m 廊道水位报警装置完好，试验正常。

第四节　发电机层上游副厂房设备

发电机层上游副厂房设备重点检查照明正常，屋顶及墙面无漏水，地面整洁，空调机、气机、水泵控制回路正常，管路阀门无漏水漏气，压力指示正常，无异音、异味，设备命名牌正确、完整无缺失及其他异常现象。

一、3号（4号）空调机室

（1）大门关好，照明正常，屋顶及墙面无漏水，地面整洁，无杂物堆放。

（2）设备命名牌正确、完整无缺失。

（一）空调机控制箱

（1）空调机控制箱液晶显示轴承温度正常，无故障信号。

（2）控制切换开关在"远方"。

（3）箱内电源空气开关在"合"，无异味，电缆孔、洞封堵严密，柜门完好，开关正常。

（二）空调机

（1）空调机内和风道无妨碍通风的杂物。

（2）空调机运行时，无异音、剧烈振动，机座螺丝无异常现象；转动皮带无跳动、打滑现象，保护罩完整。

（三）风道及冷却器

（1）空调机风道完好无破损、无振动、无异音，风门位置正常。

（2）冷却水管压力正常，进出水阀位置正确，各部无渗漏水，凝露不严重。

（四）排风机控制箱

各排风机运行指示灯与实际状态相对应，箱内空气开关位置正确，无

异味，电缆孔、洞封堵严密。（4 号空调机室）

二、空压机室

（1）空压机室大门锁好，照明正常，窗户完好，屋顶及墙面无漏水，地面整洁，无杂物堆放。无异音、异味及其他异常现象。

（2）设备命名牌正确、完整无缺失。

（一）高压储气罐

（1）贮气筒压力正常，气压在 3.35～4.0MPa 范围。安全阀铅封完好，无漏气现象。

（2）高压储气筒出气阀 323 阀开启、高压储气筒排污阀 342 阀关闭、高压气水分离器排污阀 334 阀关，管路阀门、法兰接口无漏气现象。

（3）压力开关无异常，接线无异常现象。

（二）高压气机

（1）1 号、2 号高压气机出气阀 320、321 开启。

（2）高压气机运行时，气机打压压力正常，无异常声音、焦味、剧烈振动、渗油。机座螺丝无异常现象。

（3）电动机外壳无异常发热。

（4）电磁排污阀动作正常，关闭后无漏气现象。

（三）高、低压气机动力电源柜

（1）盘面电压表电压指示正常（360～420V），Ⅰ段、Ⅱ段电源开关控制选择开关在"auto"位置，U_n、U_R 指示灯亮，fault 故障报警灯不亮。

（2）Ⅰ段电源开关、Ⅱ段电源开关位置指示正确，储能正常。

（3）Ⅰ段电源开关控制空气开关 ZKK1、Ⅱ段电源开关控制空气开关 ZKK2 在"合上"位置。1 号、2 号低压气机，1 号、2 号高压气机，低压气机控制电源，副厂房左通风机，副厂房右通风机，上游副厂房通风机电源空气开关在"合"位。

（四）高压气机控制屏

高压气机控制屏示例图如图 3-11 所示。

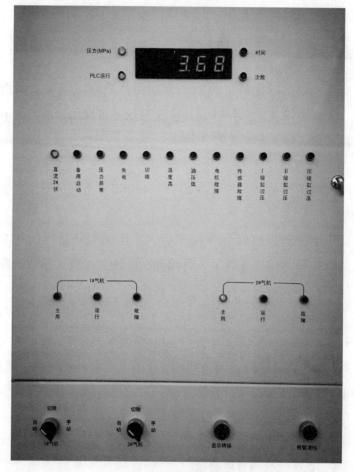

图 3-11　高压气机控制屏示例图

（1）压力（单位：MPa）指示灯亮，压力显示正常（3.4～4.0MPa）；PLC运行灯亮，直流24V电源灯亮。

（2）两台高压气机手自动切换开关放"自动"位置，一台气机主用灯亮，气机故障灯不亮。

（3）面板上无故障信号。

（4）两台高压气机空气开关1ZK、2ZK"合上"，热元件无动作，接线无异常现象。

（五）低压气机控制屏

低压气机控制屏示例图如图3-12所示。

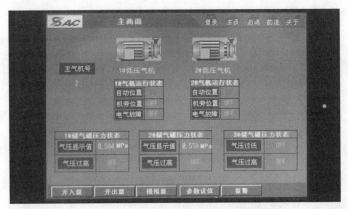

图 3-12　低压气机控制屏示例图

（1）低压控制柜内各转换开关位置正确，电源、温度显示正常。远方、手动控制方式放"远方"，手/自动运行方式切换开关放"自动"。

（2）触摸屏运行状态正常，主画面显示的数据信息正确，无报警信号。

（3）动力电源电压正常。

（4）屏后空气开关位置正确（直流 220V 输入电源空气开关 QF2、照明加热器电源空气开关 QF4 在"分"，其他在"合"）。二次接线无异常现象，电缆孔、洞封堵严密。

（六）低压气机

（1）气机本体上电源指示灯亮，运行时"运转"指示灯亮。1 号、2 号低压气机出气阀 301 阀、302 阀开启。

（2）近控/机旁转换开关 KK1 放"近控"位置。

（3）气机排气温度表显示温度无过高，自动电磁排污阀动作正常，无漏气现象。

（4）低压压气机运行中无异音，无焦味，无剧烈振动，无渗油，机座螺丝无异常现象，电动机热保护元件没动作。

（5）气机本体外壳无过热。

（6）检查油箱油位、油质、油温正常。

（七）低压储气罐

（1）调相储气筒、制动储气筒压力正常，气压在 0.5～0.7MPa 范围。

安全阀无漏气现象，铅封完好。

（2）制动用气储气筒进（出）气阀305、308开，制动用气储气筒排污阀345关，低压储气筒联络阀309关，管道阀门、逆止阀无异常，法兰接口无漏气现象。

（3）压力表指示正常，接点压力表整定值无变化，接线无异常现象。

三、雨水排水泵室

（1）雨水排水泵室大门锁好，照明正常，窗户完好，屋顶及墙面无漏水，地面整洁，无杂物堆放。

（2）设备命名牌正确、完整无缺失。

（一）雨水排水泵动力电源柜

（1）电压表电压指示正常（360～420V），Ⅰ段、Ⅱ段电源开关控制选择开关在"auto"位置，U_n、U_R指示灯亮，fault故障报警灯不亮。

（2）Ⅰ段电源开关、Ⅱ段电源开关位置指示正确，储能正常。

（3）Ⅰ段电源开关控制空气开关ZKK1、Ⅱ段电源开关控制空气开关ZKK2在"合上"位置，控制熔丝完好。

（4）1号、2号雨水排水泵电源空气开关1ZK、2ZK在"合上"，电动闸阀电源空气开关3ZK在"合上"。

（5）柜内一次接线头无接触不良，二次接线无异常现象，电缆孔、洞封堵严密。

（二）雨水排水泵控制柜

雨水排水泵控制柜示例图如图3-13所示。

（1）1号、2号雨水排水泵控制电源、电动阀控制电源、闸门全开灯亮。

（2）显示屏显示参数、状态正确。1号、2号雨水排水泵和电动阀的运行切换开关SA1、SA2、SA3放"自动"位置。

（3）柜内各空气开关位置正确，无异味，电缆孔、洞封堵严密。

（三）雨水排水泵及集水井

（1）雨水排水泵在启动或运行时，无异常声音、剧烈振动。电机外壳无过热。

图 3-13 雨水排水泵控制柜示例图

（2）雨水集水井排水阀 Y205 阀在"关闭"位置。

（3）雨水排水泵出水阀 Y201（Y202）阀、电动闸阀 Y206 阀在"开启"位置。

（4）雨水排水泵轴承润滑水进水阀 Y203（Y204）阀在"全开"位置。

（5）电动闸阀位置正确（当下游水位达到 109m 高程时，电动闸阀 Y206 阀处于"关闭"状态）。

（6）雨水集水井水位正常，井口封盖正常，井内无杂物。

四、钢管进人孔

（1）进人孔封闭，周边无渗漏水现象。

（2）设备命名牌正确、完整无缺失。

第五节 坝顶设备

坝顶设备重点检查工作门控制回路正常，管路阀门无漏油，工作门状态正确，设备命名牌正确、完整无缺失及其他异常现象。

一、坝顶左岸配电室

（1）室门关闭严密，照明正常，无异音、异味，地面整洁，无杂物堆放。

（2）设备命名牌正确、完整无缺失。

其中，坝顶厂配动力柜要求：

（1）柜门上各电压电流表指示正常。1号、2号厂配室电源指示灯亮。

（2）柜内Ⅰ、Ⅱ段进线开关及联络开关位置正确，命名完整。各熔丝位置正确。

（3）柜内各空气开关位置正确。

（4）各母线及电缆接头无异常现象。

（5）照明开关在"合"，照明正常。

（6）电缆孔、洞封堵严密。

（7）屏前命名牌完整无脱落。

（8）柜门完好，开关正常。

二、坝顶右岸配电室

（1）室门关闭严密，照明正常，无异音、异味，地面整洁，无杂物堆放。

（2）设备命名牌正确、完整无缺失。

其中，坝顶厂配动力柜要求：

（1）各空气开关位置正确。

（2）各母线及电缆接头无异常现象。

（3）照明开关在"合"，照明正常。

（4）电缆孔、洞封堵严密。

（5）屏前命名牌完整无脱落。

（6）柜门完好，开关正常。

三、坝顶左岸油泵室

（1）室门、窗户关闭严密，照明正常，无异音、异味，地面整洁，无杂物堆放。

（2）设备命名牌正确、完整无缺失。

（一）机组进水口工作闸门控制屏

（1）24V主、备用工作电源正常，其指示灯亮。

（2）主、备用 PLC 电源插件"PWR""OK""RUN"指示灯亮，主、备用 PLC 工作无异常。

（3）各闸门状态指示灯指示正常，各操作把手、按钮在释放状态。

（4）主、备用 PLC 切换开关正常在"主 PLC"位置。

（5）左、右岸泵站切换开关定期切换，其工作的泵站各故障指示灯应不亮。

（6）屏后各电源开关位置正确，无异常现象。

（7）屏顶通风机及电源模块通风机运行正常。

（8）各继电器运行中无抖动；各引线接头无异常现象。

（9）柜门关闭完好，电缆孔、洞封堵严密。

（二）油泵控制屏

（1）两台油泵的切换开关位置正确。

（2）接触器无异常，各引线接头无异常现象。

（3）屏后各交、直流电源空气开关位置正确。

（4）屏后有机玻璃罩完整无破损。

（5）各闸门液位显示正确。

（6）柜门完好，开关正常，柜内无异味，电缆孔、洞封堵严密。

（三）油箱、油泵及阀组

（1）油箱油位、油色正常。

（2）各阀门位置正确。

（3）油压表指示无异常。

（4）油泵运行时无振动及异音，电机及轴承无过热。

（5）各部无渗漏油。

四、1 号（2 号、3 号、4 号、5 号、6 号）机工作门启闭机

（1）各阀门位置正确，无渗漏油。

（2）启闭机上油箱充满油，无喷油或渗漏油痕迹；油色正常。

（3）工作门行程指示正常。

（4）启闭机上、下腔油压表指示正常。

（5）启闭机阀组无渗漏油。

（6）电磁阀引线无异常现象；线圈无异常现象。

（7）启闭机操作箱内无受潮；箱门关闭严密，锁扣完好。

（8）设备命名牌正确、完整无缺失。

五、坝顶右岸油泵室

（1）室门、窗户关闭严密，照明正常，无异音、异味，地面整洁，无杂物堆放。

（2）设备命名牌正确、完整无缺失。

（一）油泵控制屏

（1）两台油泵的切换开关位置正确。

（2）接触器无异常，各引线接头无异常现象。

（3）屏前后各动力电源及控制电源空气开关位置正确，无异常。

（二）油箱、油泵及阀组

（1）油箱油位、油色正常。油压表指示正常。各阀门位置正确。

（2）油泵运行时无振动及异音，电机及轴承无过热。各部无渗漏油。

第六节　升压站设备

升压站设备重点检查主变压器本体无渗漏油，运行声音正常，冷却器工作正常，各部油位、温度在规定范围内。

一、1号（2号、3号）主变压器

（1）大门锁好，无异音、异味，无放电闪络现象，地面整洁无油迹，无杂物堆放。

（2）设备命名牌正确、完整无缺失。

（一）主变压器水喷雾灭火装置

（1）主变压器火灾手动报警按钮箱门锁好，有机玻璃罩无破损。

（2）电动喷淋阀在"自动"位置，即电动喷淋阀上的针阀 NV 及球阀 BV1 在"开启"位置，手动操作阀 BV2 在"关闭"位置。

（3）主变压器消防水总进水阀＊B288 阀在"关闭"位置。

（4）电动喷淋阀前后压力表指示为 0，示流器指示消防水流量为 0。

（5）电动喷淋阀自动控制电磁阀无异常。

（6）手动灭火按钮箱箱门锁好，有机玻璃罩无破损。

（二）220kV 套管及升高座

（1）套管油位正常，油位在上、下标线之间。

（2）套管外部无破损裂纹、无严重油污、无放电痕迹及其他异常情况。

（3）法兰无渗漏油，无裂纹及严重锈蚀。

（4）各部位红外测温正常（月底检测一次）。

（三）主变压器 220kV 引线

（1）各引线无过热变色、变形现象。

（2）引线无断股、散股现象，无过热变色现象或烧伤痕迹。

（3）引线垂度没有过大，引线上无挂落物件。

（4）各部位红外测温正常（月底检测一次）。

（四）主变压器冷却器

（1）冷却器运行台数符合运行规程的规定，运行方式与冷却器控制柜面板上的切换开关位置、运行指示相符。

（2）运行冷却器风扇运转正常，无异常声音，风叶无抖动、碰壳。

（3）运行冷却器潜油泵运转方向正确，无异常声音，无渗漏油，油流继电器指示正确。

（4）散热装置清洁，散热片不应有过多的积灰等附着脏物。

（5）各冷却器端子箱内无异味。

（五）主变压器本体

（1）各部无渗漏油。

（2）主变压器正常运行时有均匀的嗡嗡声，无放电等异音。各部无渗漏油。

（3）呼吸器工作正常，硅胶颜色为蓝色。

（4）各部位红外测温正常（月底检测一次）。

49

（六）储油柜

油位正常，油位与变压器油温度相对应。1～3 号主变压器油温油位曲线示例图如分别如图 3-14～图 3-16 所示。

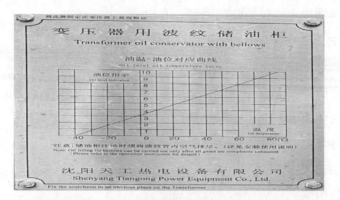

图 3-14　1 号主变压器油温油位曲线示例图

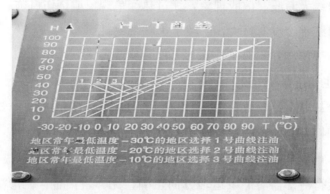

图 3-15　2 号主变压器油温油位曲线示例图

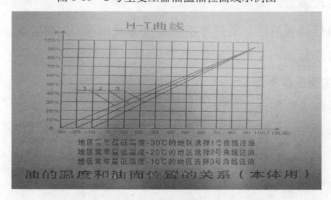

图 3-16　3 号主变压器油温油位曲线示例图

（七）气体继电器

（1）气体继电器无渗漏油。

（2）气体继电器防雨措施完好，防雨罩牢固；二次电缆及护管完好。

（八）压力释放阀

压力释放阀无渗漏油；二次电缆及护管完好。

（九）主变压器事故排油阀

主变压器事故排油阀在"关闭"位置。

（十）10kV 套管/引线/避雷器

（1）主变压器 10kV 套管外部无破损裂纹、无严重油污、无放电痕迹及其他异常情况。

（2）铝排接头无异常现象；下部铝排伸缩接头无断股；支持绝缘子安装牢固，无破损裂纹及放电痕迹。

（3）避雷器表面无破损裂纹及放电痕迹；接地引线无锈蚀及脱焊的情况；避雷器动作次数正常，记录动作次数。

（4）泄漏电流值在正常允许范围，指针在绿色区域（0.2～0.3mA）或以下，记录泄漏电流值。

（十一）10kV 主变压器隔离开关/10kV 主变压器接地开关

（1）隔离开关、接地开关分、合位置与运行方式相符。

（2）隔离开关、接地开关合上时，刀刃和静触头接触良好，无过热、变色现象；隔离开关、接地开关分闸时，刀刃和静触头间距离正常。

（3）各连接接头无异常现象。

（4）操动机构分、合指示正常；连杆连接良好，无断裂、弯曲现象。

（5）隔离开关、接地开关机械联锁装置完整可靠；防误闭锁装置锁具完好，闭锁可靠。

（6）各支持绝缘子（套管）表面无闪烙、破裂现象。

（7）防护网完好无破损；10kV 主变压器隔离开关室门关闭严密，锁具完好；室内无渗漏水。

（8）各部位红外测温正常（月底检测一次）。

（十二）油色谱在线监测装置

（1）电源空气开关在"合"。

（2）压力表指示正确，出气压力指示在 0.4～0.5MPa 之间。

（3）柜门完好，开关正常。

（十三）220kV 中性点套管（电流互感器）/中性点接地开关

（1）中性点套管无破损、裂纹，无严重油污。

（2）中性点电流互感器二次引线无异常、放电现象。

（3）中性点引线连接良好。

（4）中性点接地开关位置正确，符合运行规程的规定。

（5）接地装置完好，无锈蚀、松脱或脱焊。

（6）中性点接地开关控制箱内空气开关位置正确，"远方/现地"切换开关在"远方"位置，箱内无异音、异味，箱门关闭严密。

（十四）220kV 中性点避雷器

（1）表面清洁、无破损及放电现象，法兰无裂纹及锈蚀现象。

（2）内部无响声，本体无倾斜。

（3）引线完好，接触可靠，线夹无裂纹。

（4）放电计数器完好，记录放电次数。

（5）泄漏电流值在正常允许范围（正常为 0），记录泄漏电流值。

（6）接地良好，接地线无锈蚀。

（十五）主变压器端子箱

（1）主变压器油温应正常，温度计指示与主变压器实际温度相符（上层油温最高不超过 85℃，正常监视油温应不超过 75℃）。记录油温。

（2）变送器电源空气开关、加热器电源空气开关在"合"。温度控制器工作正常。

（3）箱子内无异味，各端子及接线无异常现象，电缆孔、洞封堵严密，箱门关闭严密。

（4）箱子照明完好。

（十六）主变压器控制箱

（1）加热器电源空气开关在"合"。温度控制器工作正常。

（2）箱子内无异味，各端子及接线无异常现象，电缆孔、洞封堵严密，箱门关闭严密。

（3）箱子照明完好。

（十七）冷却器控制柜

1．1号主变压器

1号主变压器冷却器控制柜示例图如图 3-17 所示。

图 3-17 1号主变压器冷却器控制柜示例图

（1）ATS常用合闸灯亮，ATS备用合闸灯不亮，各运行冷却器工作指示灯亮，各故障光字牌不亮。

（2）主变压器冷却器控制箱温度控制方式切换开关 SH 在"自动控制"位置，主变压器冷却器近控/远控切换开关 SR 在"近控"位置，主变压器风扇自动投入控制开关 ST 在"工作"位置，各冷却器手/自动控制切换开关 SC 在"自动"位置。

（3）当主变压器上层油温超过 55℃时，辅助冷却器应自动投入。

（4）屏后各空气开关正常投入，接触器接触良好，无异常响声及发热现象。各继电器运行正常。温度控制器工作正常。

（5）柜内加热器、照明均正常，柜内无异味，各端子及接线无异常现象，电缆孔、洞封堵严密。柜门关闭严密。

2. 2号主变压器

2号主变压器冷却器控制柜示例图如图3-18所示。

图 3-18　2号主变压器冷却器控制柜示例图

（1）指示灯亮，各故障光字牌不亮。电源Ⅰ运行（或电源Ⅱ运行）指示灯亮，各运行冷却器工作指示灯亮。

（2）冷却器运行模式切换开关QK1在"自动控制"位置，各冷却器手动控制切换开关在"停止"位置，冷却器电源手动控制开关SA1在"停止"位置，箱内温湿度手动控制在"自动"位置。

（3）当主变压器上层油温超过55℃时，辅助冷却器应自动投入。

（4）屏后各空气开关正常投入，接触器接触良好，无异常响声及发热现象。各继电器运行正常。温度控制器工作正常。

（5）柜内加热器、照明均正常，柜内无异味，各端子及接线无异常现象，电缆孔、洞封堵严密。柜门关闭严密。

3. 3号主变压器

3号主变压器冷却器控制柜示例图如图3-19所示。

（1）柜内各空气开关正常投入，接触器接触良好，无异常响声及发热现象。各继电器运行正常。温度控制器工作正常。

（2）柜内加热器、照明均正常，柜内无异味，各端子及接线无异常现象，电缆孔、洞封堵严密。柜门关闭严密。

图 3-19　3 号主变压器冷却器控制柜示例图

（3）S1 控制方式选择开关在"自动"位置。

（十八）消防管路/消防沙箱

（1）消防管路、喷头完好无损。

（2）消防沙箱完好、有沙。

（3）主变压器感温电缆绝缘无损坏。

二、升压站动力配电室

（1）室门关闭严密，照明正常，无异音、异味，屋顶及墙面无漏水，地面整洁，无杂物堆放。

（2）设备命名牌正确、完整无缺失。

其中，升压站 400V I、II 段动力配电屏要求：

（1）三相电压切换指示正常。

（2）各空气开关位置正确，无异常情况。

（3）各控制熔丝无熔断。

（4）各引线接头无异常现象。

（5）柜门完好，开关正常。

三、主厂房顶

（1）室门关闭严密，无异音、异味，地面无积水，地面整洁无积水，无杂物堆放。

（2）设备命名牌正确、完整无缺失。

（一）主变压器 220kV 避雷器

（1）围栏关闭上锁。

（2）瓷质表面清洁、无破损及放电现象，法兰无裂纹及锈蚀现象，均压环无锈蚀现象。

（3）内部无响声，本体无倾斜。

（4）引线完好，接触可靠，线夹无裂纹。

（5）放电计数器完好，记录放电次数。

（6）泄漏电流值在正常允许范围，指针在绿色区域，0.2～0.8mA，记录泄漏电流值。

（7）接地良好，接地线无锈蚀。

（8）各部位红外测温正常（月底检测一次）。

（二）上游副厂房动力配电屏

（1）电压表电压指示正常（360～420V），Ⅰ段、Ⅱ段电源开关控制选择开关在"auto"位置，U_n、U_R 指示灯亮，fault 故障报警灯不亮。

（2）各空气开关位置正确，无异常情况。

（3）各动力及控制熔丝无熔断，底座无松动。

（4）各引线接头无松动及过热现象。

（5）防雷保护器空气开关在"合"，保护器无异常。

（6）柜门完好，开关正常。

第七节　水轮机层下游副厂房设备

水轮机层下游副厂房设备重点检查照明正常，屋顶及墙面无漏水，地面整洁，电气设备位置正确，无异音、异味，电缆孔、洞封堵严密，设备命名牌正确、完整无缺失。

一、1号（2号）直配室

（1）1号（2号）直配室大门锁好，照明正常，无异音、异味，屋顶及墙面无漏水，地面整洁，无杂物堆放。

（2）设备命名牌正确、完整无缺失。

（一）厂房1号（2号、3号）220V直流充电机屏

厂房1号（2号、3号）220V直流充电机屏示例图如图3-20所示。

图3-20 厂房1号（2号、3号）220V直流充电机屏示例图

（1）装置输出电压、电流在正常范围内（输出电压230～235V，电流与负荷有关）。

（2）主监控器触摸屏显示的主菜单各参数、状态量、模拟量等信息正常，无故障报警信息，主监控器蜂鸣器无报警，触摸屏的菜单操作及页面翻查无异常。

（3）1～4号高频开关电源模块交流输入电源开关在"合"，装置运行亮，通信灯闪亮，故障灯不亮，输出电流指示正常（输出电压230～235V，电流与负荷有关），4个模块输出电流数值相近。

（4）装置直流输出空气开关在"合"。

(5) 各模块工作正常, 无过热或绝缘焦味。

(6) 直流充电机交流电源切换开关 QK 放 "互投" 位置, 1 号、2 号交流进线空气开关在 "合", 防雷器进线空气开关在 "合", 蓄电池组放电试验空气开关在 "分"。

(7) 各引线接头无异常现象。

(8) 柜内无异味、电缆孔、洞封堵严密, 柜门完好, 开关正常。

(二) 厂房 1 号 (2 号) 220V 直流馈线屏 (一)

(1) 直流母线电压及电流表指示在正常范围内 (输出电压 230~235V, 电流与负荷有关)。

(2) 各电源开关投退与运行方式相符。

(3) 各负载开关按需要投入, 其支路带电指示灯亮。

(4) 直流电压电流采样模块运行正常, 无损坏现象。

(5) 蓄电池输出熔丝及各控制熔丝无熔断。

(6) 各引线接头无异常现象。

(7) 柜内无异味、电缆孔、洞封堵严密, 柜门完好, 开关正常。

(三) 厂房 1 号 (2 号) 220V 直流馈线屏 (二)

厂房 1 号 (2 号) 220V 直流馈线屏 (二) 示例图如图 3-21 所示。

图 3-21　厂房 1 号 (2 号) 220V 直流馈线屏 (二) 示例图

(1) 直流母线电压表指示在正常范围 (输出电压 230~235V, 电流与负荷有关)。

(2) 蓄电池组监测装置触摸屏显示的主菜单 (运行监测) 各参数等信

息正常，无故障报警信息，主监控器蜂鸣器无报警，触摸屏的菜单操作及页面翻查无异常。

（3）220V 直流绝缘监测装置液晶屏显示各数据正常，母线检测、支路巡检等主菜单各画面显示数据正常，触摸屏的菜单操作及页面翻查正常。装置运行指示灯亮，其他灯不亮。

（4）各负载开关按需要投入，其支路带电指示灯亮。

（5）屏后各空气开关，熔丝位置正确，各引线接头无异常现象，各模块无过热或绝缘焦味。

（6）柜内无异味、电缆孔、洞封堵严密，柜门完好，开关正常。

二、1 号（2 号）蓄电池室

（1）1 号（2 号）蓄电池室大门锁好，照明正常，无异音、异味，屋顶及墙面无漏水，地面整洁，无杂物堆放。

（2）设备命名牌正确、完整无缺失。

（3）室内温湿度正常。

（一）1 号（2 号）蓄电池室通风机控制系统

（1）风机切换开关在"自动"位置。通风机自动运行正常，指示灯指示正常。

（2）通风机控制箱内空气开关位置正确，控制器运行运行，各端子及接线无异常现象，控制箱内无绝缘焦味，电缆孔、洞封堵严密，箱门完好，开关正常。

（二）1 号（2 号）蓄电池室通风机

（1）通风机运行中无异音。

（2）传动皮带或靠背轮的保护罩完整并投入使用。

（3）电机及轴承无发热现象。

（三）1 号（2 号）蓄电池室

（1）蓄电池外壳完好，无破裂、变形，无电解液渗出。

（2）蓄电池连接片清洁无脏物，连接线无异常现象。

（3）蓄电池室温度在允许范围内（5～30℃），最高不应超过35℃，蓄电池室门窗关好，照明完好，安全用具齐全。

（4）蓄电池单体监测装置各模块工作正常，电源灯亮，主发送、主接收、电压灯空亮。

三、1号（2号）厂配室

（1）1号（2号）厂配室大门锁好，挡鼠板安装固定完好。

（2）室内温度、湿度正常，照明完好。无异音、异味，屋顶及墙面无漏水，地面整洁，无杂物堆放。

（3）10kV各接地线完好，悬挂整齐（2号厂配室）。

（4）设备命名牌正确、完整无缺失。

（一）1号（2号、3号）厂变低压断路器1ZKK（4ZKK、2ZKK、3ZKK）控制屏7P（11P、8P、10P）、厂联断路器5ZKK控制屏9P

（1）多功能表（电流表）指示正常，屏上与机构上电流指示一致。

（2）三相电源指示灯指示正常（已改为多功能表，电压380～420V，电流与负荷有关）。

（3）正常运行时断路器"远方/就地"操作切换开关在"远方"位置。

（4）断路器分、合闸指示正确，断路器机构上与屏上指示灯指示一致。

（5）仪表柜内各空气开关无偷跳，熔丝无熔断，各端子及接线无异常现象；各电压继电器及直流24V电源模块运行正常；柜内无绝缘焦味。

（6）断路器储能指示正常，断路器机构上合闸准备指示正常。

（7）屏上及机构上断路器分、合闸按钮在释放状态。

（8）厂变电能表指示正常，TA及电能表接线各端子及接线无异常现象。（7P、11P）

（9）柜内无异味、电缆孔、洞封堵严密，柜门完好，开关正常。

（二）厂用Ⅰ段配电屏1P～6P、厂用Ⅱ段配电屏12P～16P

（1）各开关命名完整，分、合指示灯正确。开关操作把手完好。

（2）厂用Ⅰ段（Ⅱ段）母线防雷保护器空气开关在"合"，保护器无异

常。（1P、12P）

（3）无异味、电缆孔、洞封堵严密，柜门完好，开关正常。

（三）工作照明配电屏 17P、18P

（1）各电流表指示无异常。

（2）屏前总开关及屏内各负荷开关位置正确，分、合指示灯正确。

（3）屏内无异味、各引线接头无异常现象，电缆孔、洞封堵严密，柜门完好，开关正常。

（四）事故照明交、直流自动切换屏 19P

（1）屏前总开关及屏内各负荷开关位置正确，分、合指示灯正确。

（2）接触器位置正确，接触器线圈无过热，铁芯无粘连，转换机构、各端子及接线无异常现象。

（3）各空气开关位置正确，各交流电压继电器各端子及接线无异常现象。

（4）屏内无异味、各引线接头无异常现象，电缆孔、洞封堵严密，柜门完好，开关正常。

（五）工作照明交流自动切换屏 20P

（1）屏前电压表、电流表指示无异常。Ⅰ段、Ⅱ段电源指示灯亮。

（2）自动切换装置控制选择开关在"auto"位置，U_n、U_R 指示灯亮，fault 故障报警灯不亮。

（3）屏内Ⅰ段电源开关、Ⅱ段电源开关位置正确，储能正常。

（4）屏内各空气开关、熔丝位置正确，母线及电缆接头过热现象，电度表运行正常。

（5）屏内无异味，电缆孔、洞封堵严密，柜门完好，开关正常。

四、坝区配电室

（1）大门锁好，挡鼠板安装固定完好。

（2）室内照明完好，无异音、异味，屋顶及墙面无漏水。

（3）地面整洁，无杂物堆放，绝缘垫完好。

（4）电缆桥箱完好，孔洞封堵严密。

（5）通风机运行无异常。

（6）设备命名牌正确、完整无缺失。

（一）220V 交流电源配电箱

（1）总电源开关正常时在"合"，各负载开关按实际需要投用，空气开关无偷跳及其他异常情况。

（2）各引线接头无发热变色现象。

（3）箱内无异味、电缆孔、洞封堵严密，柜门完好，开关正常。

（二）220V 直流电源配电屏

（1）正常时Ⅰ、Ⅱ段总电源开关 11GK、12GK 均在"合"，联络开关 3ZK 在"分"。

（2）各负载开关按实际需要投用，各空气开关无偷跳及其他异常情况。

（3）柜内各引线接头无异常现象。

（4）柜内无异味、电缆孔、洞封堵严密，柜门完好，开关正常。

（三）Ⅰ（Ⅱ）母线 TV 断路器柜

1. 二次仓

（1）母线多功能表、母线零序电压多功能表显示数值正确；单相接地保护电压继电器监视灯亮，动作灯不亮。

（2）加热器开关在"开"；照明投退正常。

（3）柜内无异味、异声；各空气开关位置正确，接线完整，无脱落，柜门完好，开关正常。

2. 断路器仓

（1）柜门关闭严密；电压互感器手车在"工作"位置，锁扣在"落下"位置。

（2）柜内无异常声音、气味、异物。

（3）二次辅助插头在"插入"位置。

3. 引线仓

柜内无异常声音、气味、柜门完好。

（四）10kV 线路（修配 101 线、生活 102 线、过坝 103 线、石塘 104 线、过坝 105 线）断路器柜

1. 二次仓

生活 102 线断路器柜二次仓示例图如图 3-22 所示。

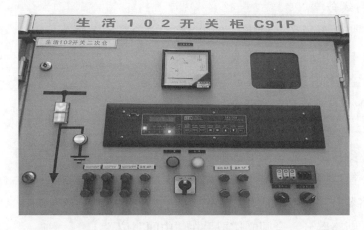

图 3-22　生活 102 线断路器柜二次仓示例图

（1）多功能表显示数值正确。

（2）模拟接线图上显示的断路器、接地开关运行状态实际运行方式相符；断路器分、合闸指示灯显示正常。

（3）断路器分、合闸操作把手在"中间"位置。

（4）保护盘面 EN 指示灯亮，其他灯灭，无报警信号，液晶显示正常。

（5）保护压板位置正确，接触良好。

（6）加热器开关在"开"；照明投退正常。

（7）带电指示器电源指示正常，三相带电指示器投退均应正常，带电指示均正确。

（8）柜内无异音、异味；各空气开关位置正确；各端子及接线无异常现象；电能表指示正常。

（9）柜门完好，开关正常。

2. 断路器仓

（1）断路器分、合指示正常，动作次数正常，合闸弹簧储能正常。

（2）断路器柜柜门关闭严密；断路器手车在"工作"位置，锁扣在"落下"位置。

（3）断路器柜内无异常声音、气味、异物。

（4）二次辅助插头在"插入"位置。

3. 引线仓

（1）柜内无异音、异味，柜门完好。接地开关操作孔封闭。

（2）户内电磁锁在"闭锁"位置。

（3）各引线接头无过热放电现象。

（五）坝区变负荷断路器柜

1. 二次仓

（1）多功能表显示数值正确。

（2）模拟接线图上显示的断路器、接地开关运行状态实际运行方式相符；断路器分、合闸指示灯显示正常。

（3）断路器分、合闸操作把手在"中间"位置。

（4）保护盘面 EN 指示灯亮，其他灯灭，无报警信号，液晶显示正常。

（5）加热器开关在"开"；照明投退正常。

（6）带电指示器电源指示正常，三相带电指示器投退均应正常，带电指示均正确。

（7）柜内无异音、异味；各空气开关位置正确；各端子及接线无异常现象；电能表指示正常。

（8）柜门完好，开关正常。

2. 断路器仓

（1）断路器分、合指示正常，动作次数正常，合闸弹簧储能正常。

（2）断路器柜柜门关闭严密；断路器手车在"工作"位置，锁扣在"落下"位置。

（3）断路器柜内无异常声音、气味、异物。

（4）二次辅助插头在"插入"位置。

3. 引线仓

（1）柜内无异音、异味，柜门完好。接地开关操作孔封闭。

（2）户内电磁锁在"闭锁"位置。

（3）各引线接头无过热放电现象。

（六）坝区 10.5kV 联络断路器柜

1. 二次仓

坝区 10.5kV 联络断路器柜二次仓示例图如图 3-23 所示。

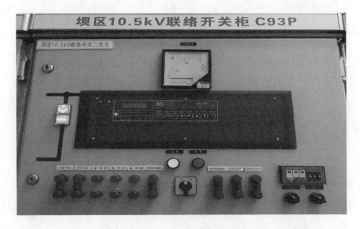

图 3-23　坝区 10.5kV 联络断路器柜二次仓示例图

（1）多功能表显示数值正确。

（2）模拟接线图上显示的断路器、接地开关运行状态实际运行方式相符；断路器分、合闸指示灯显示正常。

（3）断路器分、合闸操作把手在"中间"位置。

（4）保护盘面 EN 指示灯亮，其他灯灭，无报警信号，液晶显示正常。

（5）保护压板位置正确，接触良好。

（6）加热器开关在"开"；照明投退正常。

（7）带电指示器电源指示正常，三相带电指示器投退均应正常，带电指示均正确。

（8）柜内无异音、异味；各空气开关位置正确；各端子及接线无异常现象；电能表指示正常。

（9）柜门完好，开关正常。

2. 断路器仓

(1) 断路器分、合指示正常，动作次数正常，合闸弹簧储能正常。

(2) 断路器柜柜门关闭严密；断路器手车在"工作"位置，锁扣在"落下"位置。

(3) 断路器柜内无异常声音、气味、异物。

(4) 二次辅助插头在"插入"位置。

3. 引线仓

(1) 柜内无异音、异味，柜门完好。接地开关操作孔封闭。

(2) 户内电磁锁在"闭锁"位置。

(3) 各引线接头无过热放电现象。

（七）3号厂变高压断路器柜

1. 二次仓

(1) 多功能表显示数值正确。

(2) 模拟接线图上显示的断路器、接地开关运行状态实际运行方式相符；断路器分、合闸指示灯显示正常。

(3) 断路器分、合闸操作把手在"中间"位置。

(4) 保护盘面 EN 指示灯亮，其他灯灭，无报警信号，液晶显示正常。

(5) 保护压板位置正确，接触良好。

(6) 加热器开关在"开"；照明投退正常。

(7) 带电指示器电源指示正常，三相带电指示器投退均应正常，带电指示均正确。

(8) 柜内无异音、异味；各空气开关位置正确；各端子及接线无异常现象；电能表指示正常。

(9) 柜门完好，开关正常。

2. 断路器仓

(1) 断路器分、合指示正常，动作次数正常，合闸弹簧储能正常。

(2) 断路器柜柜门关闭严密；断路器手车在"工作"位置，锁扣在

"落下"位置。

（3）断路器柜内无异常声音、气味、异物。

（4）二次辅助插头在"插入"位置。

3. 引线仓

（1）柜内无异音、异味，柜门完好。接地开关操作孔封闭。

（2）各引线接头无过热放电现象。

五、1 号（2 号、3 号、4 号、5 号、6 号）机断路器室

（1）大门锁好，照明完好，环境清洁、干燥，无异音、异味。

（2）设备命名牌正确、完整无缺失。

（一）断路器本体

（1）各支持绝缘子（套管）表面无闪烙、破裂现象。

（2）检查断路器引线接触良好，无过热变色。

（3）检查 SF_6 气体压力在正常范围［0.62MPa（20℃）］内，不得低于 0.55MPa；记录压力值。断路器油位指示在"中间"位置。

（4）断路器状态指示与实际相符，断路器储能正常。

（5）电流互感器二次引线无异常现象。

（6）断路器室 SF_6 气体检测装置无声光报警。

（7）各部位红外测温正常（月底检测一次）。

（二）断路器操动机构

（1）断路器分、合闸指示正常。

（2）断路器分、合闸及贮能计数正常。

（3）正常运行时断路器机构箱内"远方/现地"把手在"远方"，F7、F8 电源开关在"合"，加热器运行正常。

（4）断路器操动机构箱内无绝缘焦味。

（三）母线隔离开关、断路器母线侧接地开关

（1）隔离开关、接地开关分、合位置与运行方式相符。

（2）隔离开关、接地开关合上时，刀刃和静触头接触良好，无过热和

变色现象；隔离开关、接地开关分闸时，刀刃和静触头间距离正常。

（3）各连接母线的伸缩接头无异常现象。

（4）操动机构分、合指示正常，无绝缘焦味；连杆联接良好，无断裂、弯曲现象。

（5）隔离开关、接地开关机械联锁装置完整可靠；防误闭锁装置锁具完好，闭锁可靠。

（6）各支持绝缘子（套管）表面无闪烙、破裂现象。

（7）母线无异常现象。

（8）防护网完好无破损。

（9）各部位红外测温正常（月底检测一次）。

六、1号（2号、3号、4号、5号、6号）机整流变压器室

（1）大门锁好，照明完好，环境清洁、干燥，无异音、异味。

（2）设备命名牌正确、完整无缺失。

（一）整流变压器

（1）整流变压器高压隔离开关位置正确，接触良好。整流变压器表面清洁，无积灰。

（2）整流变压器低压隔离开关位置正确。

（3）整流变压器及其引线无异常现象。温控仪"工作"指示灯亮，"超温"指示灯不亮，温控仪显示厂变压器温度正常，风机运行正常。

（4）各支持绝缘子（套管）无破损，无爬电、锈蚀痕迹。

（5）各部位红外测温正常（月底检测一次）。

（二）室外母排及电流互感器等

（1）母排上无异物，无发热、烧焦痕迹。

（2）母排支持绝缘子（套管）无破损，无爬电、锈蚀痕迹。

（3）电流互感器二次引线无异常现象。

（4）防护网完好无破损。

（5）各部位红外测温正常（月底检测一次）。

七、1 号（2 号、3 号、4 号、5 号、6 号）机消弧线圈

（1）大门锁好，照明完好，环境清洁、干燥，无异音、异味。

（2）设备命名牌正确、完整无缺失。

（3）机组中性点隔离开关位置正确。

（4）正常运行加热电源、控制电源、合闸指示灯亮，加热指示、分闸指示灯不亮。

八、1 号厂变压器（2 号厂变压器、坝区变压器）电抗器室

（1）大门锁好，照明完好，环境清洁、干燥，无异音、异味。

（2）设备命名牌正确、完整无缺失。

（一）电抗器

（1）引线接头接触良好，无发热痕迹。

（2）支持绝缘子表面清洁，无闪络、破裂现象。

（3）电抗器安装牢固，无倾斜。

（4）电流互感器二次引线无异常现象。

（5）各部位红外测温正常（月底检测一次）。

（二）母线隔离开关、电抗器母线侧接地开关

（1）隔离开关、接地开关分、合位置与运行方式相符。

（2）隔离开关、接地开关合上时，刀刃和静触头接触良好，无过热和变色现象；隔离开关、接地开关分闸时，刀刃和静触头间距离正常。

（3）各连接母线的伸缩接头无异常现象。

（4）操动机构分、合指示正常，无绝缘焦味；连杆联接良好，无断裂、弯曲现象。

（5）隔离开关、接地开关机械联锁装置完整可靠；防误闭锁装置锁具完好，闭锁可靠。

（6）各支持绝缘子（套管）表面无闪烙、破裂现象。

（7）母线无异常现象。

（8）防护网完好无破损。

（9）各部位红外测温正常（月底检测一次）。

九、1号（2号、3号）厂变压器

（1）大门锁好，照明完好，环境清洁、干燥，无异音、异味。

（2）设备命名牌正确、完整无缺失。

（3）高、低压母排及电缆头连接良好，无发热现象。

（4）厂变温控仪"工作"指示灯亮，"超温"指示灯不亮，温控仪显示厂变压器温度正常。

（5）厂变压器运行中无异音、过热冒烟等异常情况。

（6）各部位红外测温正常（月底检测一次）。

十、1号（2号）厂变压器高压断路器

（1）大门锁好，照明完好，环境清洁、干燥，无异音、异味。

（2）设备命名牌正确、完整无缺失。

（3）断路器分、合指示正常，动作次数正常，合闸弹簧储能正常。

（4）断路器灭弧室外罩绝缘子及各支持绝缘子无异常现象。

（5）断路器操动机构连杆连接完好，无断裂及弯曲变形，连接销子无脱落。

（6）电缆接头无异常现象。

（7）各部位红外测温正常（月底检测一次）。

十一、坝区变压器

（1）大门锁好，照明完好，环境清洁、干燥，无异音、异味。

（2）设备命名牌正确、完整无缺失。

（3）各支持绝缘子无异常现象。

（4）各引线接头、电缆头无异常现象。

（5）坝区变温控仪"工作"指示灯亮，"超温"指示灯不亮，温控仪显

示坝区变温度正常。

（6）坝区变运行中无异音、过热冒烟等异常情况。

（7）坝区变室通风机投退正常。室内环境干燥整洁、无异物。

（8）各部位红外测温正常（月底检测一次）。

十二、坝区变电源断路器室

（一）坝区变电源断路器

（1）大门锁好，照明完好，环境清洁、干燥，无异音、异味。

（2）设备命名牌正确、完整无缺失。

（3）断路器分、合指示正常，动作次数正常，合闸弹簧储能正常。

（4）断路器灭弧室外罩绝缘子及各支持绝缘子无异常现象。

（5）电缆接头无异常现象。

（6）各部位红外测温正常（月底检测一次）。

（二）室外母排及套管

（1）母排上无异物，无异常现象。

（2）母排支持绝缘子（套管）无异常现象。

（3）防护网完好无破损。

（4）各部位红外测温正常（月底检测一次）。

十三、1号厂房空调机室

（1）大门关好，照明正常，屋顶及墙面无漏水，地面整洁，无杂物堆放。

（2）设备命名牌正确、完整无缺失。

（一）动力电源柜

（1）柜面电压、电流指示正常。

（2）柜内各空气开关位置正确，熔丝完好，各引线接头无发热。

（3）柜内无异味、电缆孔、洞封堵严密，柜门完好，开关正常。

（二）端子箱

箱子内无异味，各端子及接线无异常现象，电缆孔、洞封堵严密，箱

71

门关闭严密。

（三）空调机控制箱

（1）空调机控制箱液晶显示轴承温度正常，无故障信号。

（2）控制切换开关在"远方"。

（3）箱内电源空气开关在"合"，无异味、电缆孔、洞封堵严密，柜门完好，开关正常。

（四）空调机

（1）空调机内和风道无妨碍通风的杂物。

（2）空调机运行时，无异音、无剧烈振动，机座螺丝无异常现象；转动皮带无跳动、打滑现象，保护罩完整。

（五）风道及冷却器

（1）空调机风道完好无破损，无振动，无异音，风门位置正常。

（2）冷却水管压力正常，进出水阀位置正确，各部无渗漏水，凝露不严重。

第八节　10.5kV 母线道设备

10.5kV 母线道设备重点检查照明正常，屋顶及墙面无漏水，地面整洁，电气设备位置正确，无异音、异味，电缆孔、洞封堵严密，设备命名牌正确、完整无缺失。

一、10.5kVⅠ（Ⅱ、Ⅲ）单元母线室

（1）大门锁好，照明完好，温度、湿度在正常范围内。

（2）母线室上部无漏水，地面无积水，无异音、异味。

（3）设备命名牌正确、完整无缺失。

（一）10.5kVⅢ单元母线电压互感器端子箱

（1）10.5kVⅢ单元母线电压互感器二次侧空气开关 1ZKK 在"合"。

（2）箱子内无异味，各端子及接线无异常现象，电缆孔、洞封堵严密，

箱门关闭严密。

(二) 母线

(1) 母线支持牢固，无振动，无弯曲变形。

(2) 支持绝缘子无异常现象。

(3) 母线上无悬挂杂物，无烧伤痕迹。

(4) 母线与导线连接头无异常现象。

(5) 各部位红外测温正常（月底检测一次）。

(三) 母线电压互感器

(1) 瓷套管无异常现象。

(2) 电压互感器内部无放电声及异味。

(3) 电压互感器隔离开关、接地开关分、合位置与运行方式相符。刀片接触良好，隔离开关、接地开关机械联锁装置完整可靠；防误闭锁装置锁具完好，闭锁可靠。高压熔丝接触良好，无过热、松脱现象。

(4) 电压互感器隔离开关、接地开关操动机构分、合指示正常，无绝缘焦味；连杆联接良好，无断裂、弯曲现象。

(5) 各部位红外测温正常（月底检测一次）。

(四) 其他

(1) 母线室遮栏无破损，网门关闭正常。

(2) 主变压器事故蓄油坑排水阀 1B288（2B288、3B288）阀在"开启"。

二、10.5kVⅠ单元综合柜

(1) 柜门关闭，无异音、异味。

(2) 设备命名牌正确、完整无缺失。

(一) 机组断路器加热器电源箱

(1) 各空气开关位置正确。

(2) 箱内各端子及接线无异常现象，电缆孔、洞封堵严密，箱门完好，开关正常。

（二）Ⅰ单元电压互感器端子箱

（1）10.5kVⅠ单元母线电压互感器二次侧空气开关 1ZKK 在"合"。

（2）箱子内无异味，各端子及接线无异常现象，电缆孔、洞封堵严密，箱门关闭严密。

（三）母线道通内机控制箱

（1）各通风机运行指示灯与实际状态相对应。

（2）箱内各端子及接线无异常现象，电缆孔、洞封堵严密，箱门完好，开关正常。

三、10.5kVⅡ单元综合柜

（1）柜门关闭，无异音、异味。

（2）设备命名牌正确、完整无缺失。

（一）机组断路器储能电机电源箱

（1）各空气开关位置正确。

（2）箱内各端子及接线无异常现象，电缆孔、洞封堵严密，箱门完好，开关正常。

（二）Ⅱ单元电压互感器端子箱

（1）10.5kVⅡ单元母线电压互感器二次侧空气开关 1ZKK 在"合"。

（2）箱子内无异味，各端子及接线无异常现象，电缆孔、洞封堵严密，箱门关闭严密。

四、10.5kV 隔离开关交流操作电源配电箱

（1）各空气开关位置正确。

（2）箱内各端子及接线无异常现象，电缆孔、洞封堵严密，箱门完好，开关正常。

（3）设备命名牌正确、完整无缺失。

五、SF₆ 气体监测装置

SF₆ 气体监测装置示例图如图 3-24 所示。

图 3-24　SF_6 气体监测装置示例图

（1）液晶屏显示装置时间正常。

（2）各监测点氧气含量不低于 18％，SF_6 气体含量不高于 $1000×10^{-6}$，各监测量显示状态正常。装置箱内无异常。

（3）箱内各端子及接线无异常现象，电缆孔、洞封堵严密，箱门完好，开关正常。

（4）设备命名牌正确、完整无缺失。

六、1 号、2 号、3 号主变压器雨水排水阀 1B（2B、3B）289 阀

（1）阀门在"开启"位置，管路、阀门、法兰接口无漏水现象。

（2）设备命名牌正确、完整无缺失。

第九节　▽98m 高程设备

▽98m 高程设备重点检查照明正常，屋顶及墙面无漏水，地面无积水，事故油池内无积水。

一、▽98m 高程设备

（1）照明正常，无异音、异味，地面整洁，无杂物堆放。

（2）设备命名牌正确、完整无缺失。

（一）建筑物及油、水管路、电缆

（1）地面无积水，建筑物无开裂、破损现象。

（2）各管路阀门位置正确，无漏水（漏油）现象。

（3）各电缆外观正常，无发热冒烟着火现象。

（二）主变压器事故油池

（1）主变压器事故 1 号油池排油阀 193 关闭。

（2）主变压器事故 2 号油池排油阀 194 关闭。

（3）事故油池内无积水，无积油，地面干燥。

（4）事故油池墙体正常，无开裂。

二、2 号厂房空调机室

（1）大门关好，照明正常，屋顶及墙面无漏水，地面整洁，无杂物堆放。

（2）设备命名牌正确、完整无缺失。

（一）动力电源柜

（1）柜面电压、电流指示正常。

（2）柜内各空气开关位置正确，熔丝完好，各引线接头无发热。

（3）柜内无异味、电缆孔、洞封堵严密，柜门完好，开关正常。

（二）端子箱

箱子内无异味，各端子及接线无异常现象，电缆孔、洞封堵严密，箱门关闭严密。

（三）空调机控制箱

（1）空调机控制箱液晶显示轴承温度正常，无故障信号。

（2）控制切换开关在"远方"。

（3）箱内电源空气开关在"合"，无异味、电缆孔、洞封堵严密，柜门完好，开关正常。

（四）空调机

（1）空调机内和风道无妨碍通风的杂物。

（2）空调机运行时，无异音、无剧烈振动，机座螺丝无异常现象；转动皮带无跳动、打滑现象，保护罩完整。

（五）风道及冷却器

（1）空调机风道完好无破损，无振动，无异音，风门位置正常。

（2）冷却水管压力正常，进出水阀位置正确，各部无渗漏水，凝露不严重。

第十节　电缆道设备

电缆道设备包括交通洞电缆道、整流变压器过道上方电缆道、▽109m 高程电缆竖井、▽116.9m 高程电缆层，重点检查项目有：

（1）排风机运行正常。

（2）照明完好，环境湿度不超过 85％，地面整洁，无积水无杂物。

（3）电缆表面无积露，电缆无扭曲、弯折、破损现象，电缆无受拉力、物品积压等现象。

（4）电缆支架无坍塌。

第十一节　220kV 开关站设备

220kV 开关站设备重点检查断路器、隔离开关等电气设备位置正确，各接头、压接管、焊接处无发热或烧红现象，绝缘子安装牢固，无裂纹、破损或污秽，导体各接触部位正常，无异常放电、过热等现象，无异音、异味，电缆孔、洞封堵严密，设备命名牌正确、完整无缺失。

一、220kV 母线设备

（1）母线上无悬挂物件，无异音、异味。母线无振动、热气流、烧伤痕迹。各部位无放电闪络现象。

（2）设备命名牌正确、完整无缺失。

（一）220kV 正（副）母

（1）母线各接头、压接管、焊接处无发热或烧红现象，母线伸缩接头无断股现象；母线与导线各连接螺丝无异常现象。

（2）母线支持绝缘子安装牢固，无裂纹、破损或污秽。

（3）各部位红外测温正常（月底检测一次）。

（二）220kV 正（副）母接地开关

（1）接地开关正常在"分"位。

（2）隔离开关操动机构连杆联接良好，无断裂、弯曲现象；"五防"锁锁上，锁具完整。

二、220kV 母线电压互感器间隔

（1）各部位无异音、异味，无放电闪络现象。

（2）设备命名牌正确、完整无缺失。

（一）220kV 正（副）母电压互感器隔离开关

（1）隔离开关位置正确；合闸位置时，刀刃和触头接触良好，无过热和变色现象；分闸位置时，刀刃和触头间距离正常。

（2）隔离开关操动机构连杆联接良好，无断裂、弯曲。

（3）隔离开关支持绝缘子安装牢固，无裂纹、破损或污秽。

（4）引线联接牢固，接头无过热、变色现象。

（二）220kV 正（副）母电压互感器接地开关

（1）接地开关正常在"分"位。

（2）隔离开关操动机构连杆联接良好，无断裂、弯曲现象。

（三）220kV 正（副）母电压互感器隔离开关操动机构箱

（1）隔离开关操作电源空气开关正常在"合"。

（2）隔离开关"远方/现地"操作切换开关在"远方"位置。

（3）隔离开关、接地开关"五防"锁锁上，锁具完整，闭锁可靠；机械联锁装置完整可靠。

（4）各接触器、继电器无绝缘烧焦或接点粘连现象；二次接线无异常现象。

（5）箱门关闭严密，箱内无受潮；箱内无异音、异味，电缆孔洞封堵严密。

（四）220kV 正（副）母电压互感器

（1）电压互感器运行声音正常，二次接线盒无放电、冒烟现象。

（2）电压互感器外表清洁、完好，无异常现象。

（3）电压互感器油位正常，无渗漏油。

（五）220kV 正（副）母避雷器

（1）表面清洁、无破损及放电现象，法兰无裂纹及锈蚀现象，均压环无异常现象。

（2）内部无响声，本体无倾斜。

（3）引线完好，接触可靠，线夹无裂纹。

（4）放电计数器完好，记录放电次数。

（5）泄漏电流值在正常允许范围，指针在绿色区域，记录泄漏电流值。

（6）接地良好，接地线无锈蚀。

（六）220kV 正（副）母电压互感器端子箱

（1）箱内各电源空气开关位置正确。

（2）各继电器动作正确，无异常现象。

（3）箱子内无异味，各端子及接线无异常现象，电缆孔、洞封堵严密，箱门关闭严密。

（4）加热器工作正常，照明完好。

（七）220kV 开关站照明电源配电箱

（1）各空气开关位置正确。

（2）各支路引线接头无异常现象。

（3）箱门关闭严密，箱内无受潮；电缆孔封堵严密。

（八）220kV 母线电压互感器间隔

各部位红外测温正常（月底检测一次）。

三、1 号（2 号、3 号）主变压器 220kV 断路器间隔

（1）各部位无异音、异味，无放电闪络现象。

（2）设备命名牌正确、完整无缺失。

（一）主变压器 220kV 正（副）母隔离开关

（1）隔离开关位置正确；合闸位置时，刀刃和触头接触良好，无过热和变色现象；分闸位置时，刀刃和触头间距离正常。

（2）隔离开关操动机构连杆联接良好，无断裂、弯曲。

（3）隔离开关支持绝缘子安装牢固，无裂纹、破损或污秽，无放电闪络现象。

（4）引线联接牢固，接头无过热、变色现象。

（二）主变压器 220kV 正（副）母隔离开关操动机构箱

（1）隔离开关操作电源空气开关正常在"分"。

（2）隔离开关"远方/现地"操作切换开关在"远方"位置。

（3）隔离开关"五防"锁锁上，锁具完整，闭锁可靠。

（4）各接触器、继电器无绝缘烧焦或接点粘连现象；二次接线无异常现象。

（5）箱门关闭严密，箱内无受潮；箱内无异音、异味，电缆孔洞封堵严密。

（三）主变压器 220kV 副母隔离开关与正母隔离开关连接导线

（1）导线无断股现象，引线线夹压接牢固、接触良好，无过热变色现象。

（2）导线支持绝缘子无裂纹、破损或污秽，无放电闪络现象。

（四）主变压器 220kV 断路器母线侧接地开关

（1）接地开关正常在"分"位。

（2）隔离开关操动机构连杆联接良好，无断裂、弯曲。

（五）主变压器 220kV 断路器电流互感器端子箱

（1）电流试验部件 1SD～4SD 位置正确，接触良好。

（2）加热器电源开关在"合"，加热器工作正常，照明完好。

（3）箱子内无异味，各端子及接线无异常现象，电缆孔、洞封堵严密，箱门关闭严密。

（六）主变压器 220kV 断路器

（1）断路器分合闸指示正确。断路器运行中无异音。

（2）断路器瓷套表面清洁，无破损、裂纹及闪络现象。

（3）导体各接触部位正常，无异常放电、过热等现象。

（4）检查断路器 SF_6 气体压力在正常范围 $[0.70MPa（20℃）]$ 内，不得低于 0.62MPa，或高于 0.80MPa，记录压力值。

（七）主变压器 220kV 断路器操动机构箱

（1）箱内"远方/当地"切换开关 S4 正常在"远方"位置；现地手动分、合闸把手 S1 在释放状态；合闸弹簧储能位置在"储满能"（绿区）位置；分、合闸指示灯指示正确；分、合闸次数在允许范围内；箱内照明完好。

（2）断路器储能方式切换开关在"电动"位置，储能电机运转声音正常。

（3）机构箱内加热器电源开关在"合"，加热器工作正常，冬天气温低于 5℃加热器应投入；箱内照明完好。

（4）机构箱内无异音、异味；二次接线无异常现象；箱门关闭严密无受潮；孔洞封堵严密。

（八）主变压器 220kV 断路器电流互感器

（1）三相电流互感器运行声音正常，二次接线盒无放电、冒烟、冒火花现象。

（2）电流互感器外套绝缘子无裂纹、破损或污秽，无放电闪络现象。

（3）三相电流互感器 SF_6 气体压力表计指示在正常值范围内。

（4）一次引线联接牢固，接头无过热、变色现象。

（九）主变压器 220kV 变压器隔离开关

（1）隔离开关位置正确；合闸位置时，刀刃和触头接触良好，无过热和变色现象；分闸位置时，刀刃和触头间距离正常。

（2）隔离开关操动机构连杆联接良好，无断裂、弯曲。

（3）隔离开关支持绝缘子安装牢固，无裂纹、破损或污秽，无放电闪络现象。

（4）引线联接牢固，接头无过热、变色现象。

（十）主变压器 220kV 变压器隔离开关操动机构箱

（1）隔离开关操作电源空气开关正常在"分"。

（2）隔离开关"远控/近控"操作切换开关在"远控"位置。

（3）隔离开关"五防"锁锁上，锁具完整，闭锁可靠。

（4）各接触器、继电器无绝缘烧焦或接点粘连现象；二次接线无异常现象。

（5）箱门关闭严密，箱内无受潮；箱内无异音、异味，电缆孔洞封堵严密。

（十一）主变压器 220kV 引线

（1）导线无断股现象，引线线夹压接牢固、接触良好，无过热变色现象。

（2）导线支持绝缘子无裂纹、破损或污秽，无放电闪络现象。

（3）构架无变形或损坏。

（十二）主变压器 220kV 断路器变压器侧接地开关

（1）接地开关正常在"分"位，助力弹簧无断股、松脱现象。

（2）"五防"锁锁上，锁具完整，闭锁可靠。

（3）隔离开关操动机构连杆联接良好，无断裂、弯曲。

（十三）主变压器 220kV 变压器接地开关

（1）接地开关正常在"分"位，助力弹簧无断股、松脱现象。

（2）"五防"锁锁上，锁具完整，闭锁可靠。

（3）隔离开关操动机构连杆联接良好，无断裂、弯曲。

（十四）1号（2号、3号）主变压器 220kV 断路器间隔

各部位红外测温正常（月底检测一次）。

四、220kV 线路间隔

（1）各部位无异音、异味，无放电闪络现象。

（2）设备命名牌正确、完整无缺失。

（3）各部位红外测温正常（月底检测一次）。

（一）线路出线及高频阻波器引线

（1）导线无断股现象，引线线夹压接牢固、接触良好，无过热变色现象。

（2）导线支持绝缘子无裂纹、破损或污秽，无放电闪络现象。

（3）构架无变形或损坏。

（二）线路结合滤波器

滤波器工作正常，接地开关位置在"分"。

（三）线路电压互感器

（1）电压互感器运行声音正常，二次接线盒无放电、冒烟现象。

（2）电压互感器外表清洁，完好，无异常现象。

（3）电压互感器油位、油色正常，本体无渗漏油，地面无油迹。

（四）线路电压互感器端子箱

（1）电压互感器运行监视灯亮。

（2）箱内电压空气开关位置正确，熔丝无熔断。

（3）箱子内无异味，各端子及接线无异常现象，电缆孔、洞封堵严密，箱门关闭严密。

（五）线路高频阻波器

（1）阻波器运行声音正常，接头无过热、变色现象，周围无热气流。

（2）阻波器外部无变形，无局部放电或击穿现象。

（六）线路断路器线路侧接地开关

（1）接地开关正常在"分"位，助力弹簧无断股、松脱现象。

（2）"五防"锁锁上，锁具完整，闭锁可靠。

（3）隔离开关操动机构连杆联接良好，无断裂、弯曲。

（七）线路接地开关

（1）接地开关正常在"分"位，助力弹簧无断股、松脱现象。

（2）"五防"锁锁上，锁具完整，闭锁可靠。

（3）隔离开关操动机构连杆联接良好，无断裂、弯曲。

（八）GSW1C 高压带电显示闭锁装置

（1）线路运行时，运行灯闪烁，三相指示灯闪烁，其他灯不亮。

（2）线路不带电时，运行灯闪烁，其他灯不亮。

（九）线路隔离开关

（1）隔离开关位置正确；合闸位置时，刀刃和触头接触良好，无过热和变色现象；分闸位置时，刀刃和触头间距离正常。

（2）隔离开关操动机构连杆联接良好，无断裂、弯曲。

（3）隔离开关支持绝缘子安装牢固，无裂纹、破损或污秽，无放电闪络现象。

（4）引线联接牢固，接头无过热、变色现象。

（十）线路隔离开关操动机构箱

（1）隔离开关操作电源空气开关正常在"分"。

（2）隔离开关"远控/近控"操作切换开关在"远控"位置。

（3）隔离开关"五防"锁锁上，锁具完整，闭锁可靠。

（4）各接触器、继电器无绝缘烧焦或接点粘连现象；二次接线无异常现象。

（5）箱门关闭严密，箱内无受潮；箱内无异音、异味，电缆孔洞封堵严密。

（十一）线路电流互感器

（1）三相电流互感器运行声音正常，二次接线盒无放电、冒烟、冒火花现象。

（2）电流互感器支持绝缘子无裂纹、破损或污秽，无放电闪络现象。

（3）一次引线联接牢固，接头无过热、变色现象。

（4）三相电流互感器无渗漏油。

(5) SF$_6$ 气体压力正常并记录压力值。

(十二) 线路断路器

(1) 三相断路器分合闸指示正确。

(2) 断路器瓷套表面清洁，无破损、裂纹及闪络现象。

(3) 导体各接触部位正常，无异常放电、过热等现象。

(4) 断路器操动机构连杆联接良好，无断裂、弯曲现象。断路器运行中无异音。

(十三) 线路断路器操动机构箱

(1) 检查断路器 SF$_6$ 气体压力在正常范围 [0.70MPa (20℃)] 内，不得低于 0.64MPa，压力值应与断路器操动机构箱上的 SF$_6$ 气体压力曲线相符，并记录压力值。

(2) 记录断路器操动机构油压，不得低于 32MPa 或高于 37.5MPa。

(3) 断路器操动机构箱内"远方/当地"切换开关 S8 正常在"远方"位置；F1、F3 电源开关位置正确；开关分、合闸计数正常，动作次数在允许范围内。

(4) 断路器操动机构内各接触器、继电器无绝缘烧焦或接点粘连现象；储能电机运转声音正常。

(5) 断路器操动机构箱内加热器工作正常，冬天气温低于 5℃加热器应投入；箱内照明完好。

(6) 断路器操动机构箱内无异音、异味；二次接线无异常现象；箱门关闭严密，箱内无受潮；电缆孔洞封堵严密。

(十四) 断路器电流互感器端子箱

(1) 电流试验部件 1SD～4SD 位置正确，接触良好。

(2) 加热器电源开关在"合"，加热器工作正常，照明完好。

(3) 箱子内无异味，各端子及接线无异常现象，电缆孔、洞封堵严密，箱门关闭严密。

(十五) 断路器母线侧接地开关

(1) 接地开关正常在"分"位。

（2）隔离开关操动机构连杆联接良好，无断裂、弯曲现象。

（十六）正（副）母隔离开关

（1）隔离开关位置正确；合闸位置时，刀刃和触头接触良好，无过热和变色现象；分闸位置时，刀刃和触头间距离正常。

（2）隔离开关操动机构连杆联接良好，无断裂、弯曲。

（3）隔离开关支持绝缘子安装牢固，无裂纹、破损或污秽，无放电闪络现象。

（4）引线联接牢固，接头无过热、变色现象。

（十七）正（副）母隔离开关操动机构箱

（1）隔离开关操作电源空气开关正常在"分"。

（2）隔离开关"远方/现地"操作切换开关在"远方"位置。

（3）隔离开关、接地开关"五防"锁锁上，锁具完整，闭锁可靠；机械联锁装置完整可靠。

（4）各接触器、继电器无绝缘烧焦或接点粘连现象；二次接线无异常现象。

（5）箱门关闭严密，箱内无受潮；箱内无异音、异味，电缆孔洞封堵严密。

（十八）正母隔离开关与副母隔离开关连接导线

（1）导线无断股现象，引线线夹压接牢固、接触良好，无过热变色现象。

（2）导线支持绝缘子无裂纹、破损或污秽，无放电闪络现象。

五、220kV 母联断路器间隔

（1）各部位无异音、异味，无放电闪络现象。

（2）设备命名牌正确、完整无缺失。

（3）各部位红外测温正常（月底检测一次）。

（一）220kV 母联断路器正母隔离开关

（1）隔离开关位置正确；合闸位置时，刀刃和触头接触良好，无过热和变色现象;分闸位置时,刀刃和触头间距离正常。

(2)隔离开关操动机构连杆联接良好,无断裂、弯曲。

(3)隔离开关支持绝缘子安装牢固,无裂纹、破损或污秽,无放电闪络现象。

(4)引线联接牢固,接头无过热、变色现象。

(二)220kV 母联断路器正母隔离开关操动机构箱

(1)隔离开关操作电源空气开关正常在"分"。

(2)隔离开关"远方/现地"操作切换开关在"远方"位置。

(3)隔离开关、接地开关"五防"锁锁上,锁具完整,闭锁可靠;机械联锁装置完整可靠。

(4)各接触器、继电器无绝缘烧焦或接点粘连现象;二次接线无异常现象。

(5)箱门关闭严密,箱内无受潮;箱内无异音、异味,电缆孔洞封堵严密。

(三)220kV 母联断路器母线侧接地开关

(1)接地开关正常在"分"位。

(2)隔离开关操动机构连杆联接良好,无断裂、弯曲。

(四)220kV 母联断路器端子箱

(1)电流试验部件 1SD~4SD 位置正确,接触良好。

(2)加热器电源开关在"合",加热器工作正常,照明完好。

(3)箱子内无异味,各端子及接线无异常现象,电缆孔、洞封堵严密,箱门关闭严密。

(五)220kV 母联断路器

(1)断路器分合闸指示正确。

(2)断路器瓷套表面清洁,无破损、裂纹及闪络现象。

(3)导体各接触部位正常,无异常放电、过热等现象。

(4)断路器操动机构连杆联接良好,无断裂、弯曲现象。

(5)断路器运行中无异音。

（六）220kV 母联断路器操动机构箱

（1）检查断路器 SF_6 气体压力在正常范围 ［0.70MPa（20℃）］内，不得低于 0.64MPa，压力值应与断路器操动机构箱上的 SF_6 气体压力曲线相符。

（2）记录断路器操动机构油压，不得低于 32MPa 或高于 37.5MPa。

（3）断路器操动机构箱内"远方/当地"切换开关 S8 正常在"远方"位置；F1、F3 电源开关位置正确；断路器分、合闸计数正常，动作次数在允许范围内。

（4）断路器操动机构内各接触器、继电器无绝缘烧焦或接点粘连现象；储能电机运转声音正常。

（5）断路器操动机构箱内加热器工作正常，冬天气温低于 5℃ 加热器应投入；箱内照明完好。

（6）断路器操动机构箱内无异音、异味；二次接线无异常现象；箱门关闭严密，箱内无受潮；电缆孔洞封堵严密。

（七）220kV 母联电流互感器

（1）三相电流互感器运行声音正常，二次接线盒无放电、冒烟、冒火花现象。

（2）电流互感器支持绝缘子无裂纹、破损或污秽，无放电闪络现象。

（3）一次引线联接牢固，接头无过热、变色现象。

（4）三相电流互感器油位在正常值范围内，电流互感器无渗漏油。

（八）220kV 母联断路器副母侧接地开关

（1）接地开关正常在"分"位，助力弹簧无断股、松脱现象。

（2）"五防"锁锁上，锁具完整，闭锁可靠。

（3）隔离开关操动机构连杆联接良好，无断裂、弯曲。

（九）220kV 母联断路器副母隔离开关

（1）隔离开关位置正确；合闸位置时，刀刃和触头接触良好，无过热和变色现象；分闸位置时，刀刃和触头间距离正常。

（2）隔离开关操动机构连杆联接良好，无断裂、弯曲。

（3）隔离开关支持绝缘子安装牢固，无裂纹、破损或污秽，无放电闪络现象。

（4）引线联接牢固，接头无过热、变色现象。

（十）220kV 母联断路器副母隔离开关操动机构箱

（1）隔离开关操作电源空气开关正常在"分"。

（2）隔离开关"远控/近控"操作切换开关在"远控"位置。

（3）隔离开关"五防"锁锁上，锁具完整，闭锁可靠。

（4）各接触器、继电器无绝缘烧焦或接点粘连现象；二次接线无异常现象。

（5）箱门关闭严密，箱内无受潮；箱内无异音、异味，电缆孔洞封堵严密。

（十一）220kV 母联断路器副母隔离开关至副母引线

（1）导线无断股现象，引线线夹压接牢固、接触良好，无过热变色现象。

（2）导线支持绝缘子无裂纹、破损或污秽，无放电闪络现象。

（3）构架无变形或损坏。

六、220kV 开关站接地装置

（1）220kV 开关站所有接地引线标志清楚，无锈蚀、松脱或脱焊。

（2）设备命名牌正确、完整无缺失。

七、开关站配电室

（1）室门、窗户关闭严密，照明正常，无异音、异味，屋顶及墙面无漏水，地面整洁，无杂物堆放。

（2）设备命名牌正确、完整无缺失。

（一）开关站交流动力柜

（1）电压、电流表指示正确，电源指示灯亮。

（2）B 型控制器工作正常。电压指示正常，"运行""自动"灯亮，两只电源指示及一只闭合指示灯亮，其他灯不亮。

(3) 动力柜控制方式切换在"自动"位置。

(4) 厂用Ⅰ段电源开关（或厂用Ⅱ段电源开关）在"合"位置。

(5) 各空气开关位置正确，各熔丝完好，温控器工作正常。

(6) 柜内无异味，各端子及接线无异常现象，电缆孔、洞封堵严密，柜门关闭严密。

（二）开关站检修柜

(1) 电压、电流表指示正确，电源指示灯亮。

(2) 各空气开关位置正确，各熔丝完好，温控器工作正常。

(3) 柜内无异味，各端子及接线无异常现象，电缆孔、洞封堵严密，柜门关闭严密。

（三）开关站继保室交流配电箱

(1) 各开关位置正确。

(2) 箱子内无异味，各端子及接线无异常现象，电缆孔、洞封堵严密，箱门关闭严密。

八、220kV 开关站 1 号（2 号）蓄电池室

(1) 室门关闭严密，照明正常，无异音、异味，屋顶及墙面无漏水，地面整洁，无杂物堆放。

(2) 设备命名牌正确、完整无缺失。

(3) 蓄电池外壳完好无破裂、变形，无电解液渗出。

(4) 安全排气阀封闭完好，无酸雾溢出，组合盖板、胶帽等无脱落。

(5) 蓄电池连接片清洁无脏物，连接线无异常现象，蓄电池无温度过高现象。

(6) 蓄电池室温度在允许范围内（5～30℃），最高不应超过 35℃。空调运行良好。

第十二节　220kV 开关站继保室设备

220kV 开关站继保室设备重点检查照明完好，室内温度应在 5～30℃

范围内，相对湿度不应超过 75％，指示灯、触摸屏信息正常，开关、压板位置正确，电缆孔、洞封堵严密，设备命名牌正确、完整无缺失。主要检查项目有：

（1）房顶及四壁粉刷物应无脱落现象。

（2）门窗关闭严密，门禁使用正常。窗户玻璃齐全无破损。

（3）照明设备齐全，灯具完好，满足工作需要。

（4）继保室内温度应在 5～30℃ 范围内，相对湿度不应超过 75％，否则应投入空调运行。

（5）室内无渗漏水、无异味。地面整洁，无杂物堆放。

（6）室内挡鼠板安装固定完好，无小动物痕迹。

（7）设备命名牌正确、完整无缺失。

一、开关站 1 号（2 号）直流 220V 充电装置屏

开关站 1 号（2 号）直流 220V 充电装置屏示例图如图 3-25 所示。

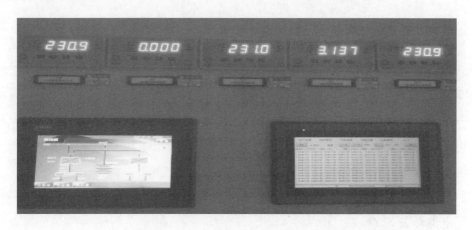

图 3-25　开关站 1 号（2 号）直流 220V 充电装置屏示例图

（1）1 号（2 号）组蓄电池电压、电流表，1 号（2 号）充电机电压、电流表，Ⅰ（Ⅱ）段母线电压监视器显示数值在正常范围内（输出电压 230～235V，电流与负荷有关）。

（2）主监控器的触摸屏正常在屏幕保护状态；主监控器的菜单操作及

页面翻查无异常；触摸屏显示的主菜单各参数、状态量、模拟量等信息正常，无故障报警信息，主监控器蜂鸣器无报警。

（3）1～3号高频开关电源模块交流输入电源开关在"合"，装置运行、均充灯亮，故障灯不亮，输出电流指示正常（输出电压230～235V，电流与负荷有关）。

（4）正常运行1号（2号）充电机输出开关11ZK（21ZK）在"合"，1号（2号)蓄电池至3号充电机开关12ZK（22ZK）在"分"，1号（2号）蓄电池输出开关13ZK（23ZK）在"合"。

（5）屏后直流充电机交流电源切换开关QK放"互投"位置，1号（2号)交流进线空气开关在"合"，1号（2号）充电机防雷开关FK11（FK12）在"合"，1号（2号）充电机放电空气开关14ZK（24ZK）在"分"，各引线接头无异常现象，各模块无过热或绝缘焦味。

（6）蓄电池输出熔丝及各控制熔丝无熔断。

（7）柜内无异味、电缆孔、洞封堵严密，柜门完好，开关正常。

二、开关站3号直流220V充电装置屏

（1）3号充电机电压、电流表显示数值在正常范围内（输出电压230～235V，电流与负荷有关）。

（2）1～3号高频开关电源模块交流输入电源开关在"合"，装置运行、均充灯亮，故障灯不亮，输出电流指示正常（输出电压230～235V，电流与负荷有关）。

（3）正常运行3号充电机投1号蓄电池开关31ZK、3号充电机投2号蓄电池开关32ZK在"分"。

（4）屏后直流充电机交流电源切换开关QK放"互投"位置，1号（2号）交流进线空气开关在"合"，1号（2号）充电机防雷开关FK11（FK12）在"合"，各引线接头无异常现象，各模块无过热或绝缘焦味。蓄电池输出熔丝及各控制熔丝无熔断。

（5）柜内无异味、电缆孔、洞封堵严密，柜门完好，开关正常。

三、开关站 LCU（一）屏

（1）设备电源 DY1、I/O 电源 DY2 的 IN1、OUT1、IN2、OUT2 灯亮。

（2）液晶显示器电源指示灯亮，触摸屏在屏保状态（黑屏），触摸屏幕恢复显示；翻查开关站 LCU 各项信息正确。

（3）现地/远方把手 TS1 在"远方"位置。

（4）PLC 槽机箱各插件运行正常。

（5）屏后电源装置交、直流输入电源开关在"合"。各空气开关位置正确。

（6）通信控制器、控制 A 网、B 网交换机工作正常。

（7）柜门完好，开关正常。屏内无异音、异味，二次引线无异常现象，电缆孔洞封堵严密。

四、开关站 LCU（二）屏

（1）PLC 槽机箱各插件运行正常。

（2）各空气开关位置正确，温湿度控制器工作正常。

（3）柜门完好，开关正常。屏内无异音、异味，二次引线无异常现象，电缆孔洞封堵严密。

五、开关站 LCU（三）屏

（1）同步表指示正常。

（2）ZX-400A 微机准同期装置运行正常。

（3）同期监视投入把手 TS2 在"切除"位置。

（4）PLC 槽机箱各插件运行正常。

（5）各继电器工作正常，无异音、异味和抖动。

（6）各空气开关位置正确，温湿度控制器工作正常。

（7）柜门完好，开关正常。屏内无异音、异味，二次引线无异常现象，电缆孔洞封堵严密。

六、GPS 时钟柜

（1）TimeDA2000-BDT 和 TimeDA2000 装置上 RUN、LOCKED、IRIG INPUT1、IRIG INPUT2 绿灯亮，POWER 黄灯亮，TRACK 灯不亮。

（2）TimeDA2000-BDT 和 TimeDA2000 装置显示屏显示时间正确。

七、220kV 母线第一套微机保护屏

220kV 母线第一套微机保护屏示例图如图 3-26 所示。

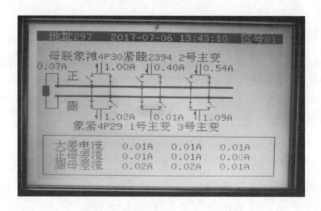

图 3-26　220kV 母线第一套微机保护屏示例图

（1）母线保护装置"运行"指示灯亮，其他指示灯灭；液晶屏正常在屏保状态（暗屏），显示 220kV 系统接线，检查各运行参数正常，母差差流正常（小于 0.2A），记录母差差流。

（2）检查隔离开关模拟屏上各母线隔离开关位置指示正确，与 220kV 系统实际运行方式相符，无隔离开关"位置报警"信号。

（3）检查打印纸齐备；开启打印机电源开关，检查打印机正常。

（4）各保护出口压板位置正确，接触良好。

（5）屏后各交、直流电源空气开关位置正确。

（6）柜门完好，开关正常。屏内无异音、异味，二次线无异常现象，电缆孔洞封堵严密。

八、220kV 母线第二套微机保护屏

220kV 母线第二套微机保护屏示例图如图 3-27 所示。

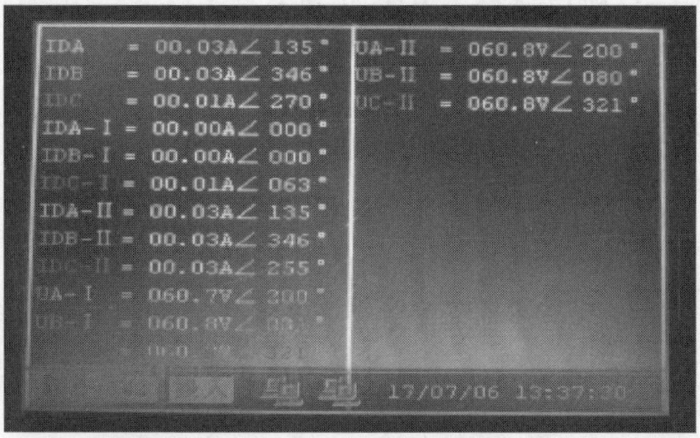

图 3-27　220kV 母线第二套微机保护屏示例图

（1）母线保护装置"管理运行""保护运行""闭锁运行"指示灯亮，其他指示灯灭；液晶屏正常在屏保状态（暗屏），显示 220kV 系统接线，检查各运行参数正常，母差差流正常（小于 0.2A），记录母差差流。

（2）检查隔离开关模拟屏上各母线隔离开关位置指示正确，与 220kV 系统实际运行方式相符，无隔离开关"位置报警"信号。

（3）检查打印纸齐备；开启打印机电源开关，检查打印机正常。

（4）各保护出口压板位置正确，接触良好。

（5）屏后各交、直流电源空气开关位置正确。

（6）柜门完好，开关正常。屏内无异音、异味，二次线无异常现象，电缆孔洞封堵严密。

九、220kV 系统故障录波器屏

（1）WY9 电力系统故障录波及分析装置"运行""电源"指示灯常亮，其他指示灯应不亮。

（2）正常情况下无录波信号，当有录波信号时，应通知检修人员及时打印录波报告。

（3）前台机显示器在屏保状态（黑屏），操作键盘上任意键显示器应恢复显示，且显示装置时间应正确，显示应无异常。

（4）打印机电源正常，打印纸齐备；开启打印机电源开关，检查打印机正常。屏后交、直流电源开关位置正确。

（5）屏前三条线路过载切机电流部件 SD1、SD2、SD3 的短接部件投入位置正确且紧固。

（6）屏后各模块（装置）电源开关在"合"，指示灯指示正常，各模块（装置）工作无异常。

（7）柜门完好，开关正常。屏内无异音、异味，二次线无异常现象，电缆孔洞封堵严密。

十、象滩 4P30 线（象紧 4P29 线）第二套微机保护屏

（一）收发信机

（1）LFX-912 收发信机装置收信模块"＋3dB 告警"指示灯不亮，接口模块"正常"指示灯亮，电源模块电源开关合，"运行"指示灯亮，其他指示灯均不亮。

（2）发信模块显示线路频率为 290kHZ。

（3）高频收发模块放在"通道"位置。

（4）测试高频通道应正常，做好测试记录。

（二）RCS-901 保护装置

RCS-901 保护装置示例图如图 3-28 所示。

（1）RCS-901 保护装置运行正常，"运行"指示灯亮，其他指示灯均不亮。

（2）液晶屏正常在屏保状态（黑屏），操作任意键恢复显示，显示装置时间及各运行参数正常。

（3）保护定值区在 1 区。

（三）CZX-12R2 保护操作箱

（1）CZX-12R2 保护操作箱上，两组开关操作继电器上"OP"灯应亮，

"TA""TB""TC""CH"灯应不亮。

图 3-28　RCS-901 保护装置示例图

（2）220kV 母线电压切换指示正确，与线路实际运行方式相符。

（四）其他

（1）象滩 4P30 线第二套微机保护重合闸方式切换开关 9QK 在"单重"位置。

（2）检查打印纸齐备；开启打印机电源开关，检查打印机正常。

（3）各保护出口压板位置正确，接触良好。

（4）屏后各交、直流电源空气开关位置正确。

（5）柜门完好，开关正常。屏内无异音、异味，二次线无异常现象，电缆孔洞封堵严密。

十一、象滩 4P30 线（象紧 4P29 线）第一套微机保护屏

（一）收发信机

（1）1SF-960 收发信机装置电源模块电源开关"合"，＋5V、＋12V、－12V、24V、＋48V 电源指示灯均亮，其他指示灯均不亮。

（2）高频收发模块放在"通道"位置。

（3）测试高频通道应正常，做好测试记录。

（二）CSC-101A 保护装置

CSC-101A 保护装置示例图如图 3-29 所示。

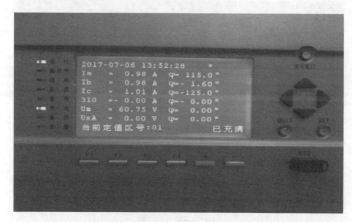

图 3-29　CSC-101A 保护装置示例图

（1）CSC-101A 保护装置上"运行"指示灯亮，其他指示灯均不亮。

（2）液晶屏正常在屏保状态（黑屏），操作任意键恢复显示，显示装置时间及运行参数应正确。

（3）保护定值区在 1 区。

（三）CSC-122A 综合重合闸装置

（1）CSC-122A 综合重合闸装置上"运行""充电"指示灯亮，其他指示灯均不亮。

（2）液晶屏正常在屏保状态（黑屏），操作任意键恢复显示，显示装置时间及运行参数应正确，显示重合闸装置信息应正常。

（3）保护定值区在 1 区。

（四）其他

（1）象滩 4P30 线重合闸方式切换开关 3QK 正常在"单重"位置。

（2）检查打印纸齐备；开启打印机电源开关，检查打印机正常。

（3）各保护出口压板位置正确，接触良好。

（4）屏后各交、直流电源空气开关位置正确。

（5）柜门完好，开关正常。屏内无异音、异味，二次线无异常现象，电缆孔洞封堵严密。

十二、紧睦 2394 线第二套微机保护屏

（一）CZX-11G 操作继电器箱

CZX-11G 操作继电器箱上，跳闸回路监视"A 相""B 相""C 相"指示灯亮，"直流"指示灯亮，"母线Ⅱ"指示灯亮（与线路实际运行方式相符）。其他指示灯不亮。

（二）RCS-901GV 保护装置

（1）RCS-901GV 保护装置运行正常，"运行""充电"指示灯亮，其他指示灯均不亮。

（2）液晶屏正常在屏保状态（黑屏），操作任意键恢复显示，显示装置时间及各运行参数正常。

（3）保护定值区在 1 区。

（三）PCS-912 收发信机

（1）PCS-912 收发信机装置"正常""监频"指示灯亮，其他指示灯不亮。

（2）液晶屏显示参数正确。

（3）高频收发模块放在"通道"位置。

（4）测试高频通道应正常，做好测试记录。

（四）其他

（1）紧睦 2394 线合重闸第二套微机保护打印机切换开关 DYQK 在"打印 1"位置。

（2）检查打印纸齐备；开启打印机电源开关，检查打印机正常。

（3）各保护出口压板位置正确，接触良好。

（4）屏后各交、直流电源空气开关位置正确。

（5）柜门完好，开关正常。屏内无异音、异味，二次线无异常现象，电缆孔洞封堵严密。

十三、紧睦 2394 线第一套微机保护屏

（一）JFZ-11FB 分相操作箱

（1）JFZ-11FB 分相操作箱"电源监视""压力电源""Ⅱ母运行"指示

灯亮（与线路实际运行方式相符），其他指示灯不亮。

（2）液晶屏上显示"A相合位""B相合位""C相合位"。

（二）CSC-101B保护装置

（1）CSC-101B保护装置上"运行""充电"指示灯亮，其他指示灯均不亮。

（2）液晶屏正常在屏保状态（黑屏），操作任意键恢复显示，显示装置时间及运行参数应正确。

（3）定值区正常在1区。

（三）SF-961B收发信机

（1）SF-961B收发信机装置电源模块电源开关合，＋5V、＋12V、－12V、24V、＋48V电源指示灯均亮。

（2）数字处理模块上18dBm灯亮，其他指示灯均不亮。

（3）功率放大模块发信电压指示在14V左右。

（4）高频收发模块放在"通道"位置。

（5）测试高频通道应正常，做好测试记录。

（四）其他

（1）紧睦2394线合重闸第一套微机保护打印机切换开关DYQK在"打印1"位置。

（2）检查打印纸齐备；开启打印机电源开关，检查打印机正常。

（3）各保护出口压板位置正确，接触良好。

（4）屏后各交、直流电源空气开关位置正确。

（5）柜门完好，开关正常。屏内无异音、异味，二次线无异常现象，电缆孔洞封堵严密。

十四、同步相量测量装置屏

同步相量测量装置屏示例图如图3-30所示。

（1）SMU-2M同步相量测量装置"运行""秒脉冲"闪亮，"电源"指示灯亮，其他灯不亮。

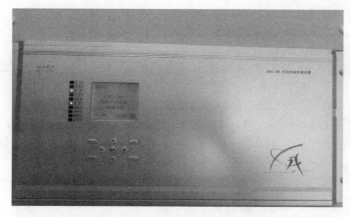

图 3-30　同步相量测量装置屏示例图

（2）SMU-2P 同步相量辅助分析单元装置电源指示灯亮，液晶屏正常在屏保状态（黑屏），操作任意键恢复显示，显示装置时间及运行参数应正确。

（3）SMU-2CS 数据集中器装置"运行""同步""主站 1""PMU1""PMU2""PMU3""PMU4""＋5V""＋3.3V""＋12V"指示灯亮，其他灯不亮。

（4）HDS8C 系列电源模块单元 POWER 指示灯亮，对应 10/100M 一排的编号 1、5、6、7 的指示灯亮，对应 LINK/ACT 一排的编号 1、6、7 的指示灯闪亮。

十五、220kV 开关站微机防误系统数据屏

（1）电力专用逆变电源工作正常。逆变开关在"合"，"市电""旁路""直流"灯亮。

（2）UT-841B 综合测控装置工作正常。"运行"指示灯亮。

（3）UT-5315 通信管理机工作正常。电源指示灯亮。

（4）屏后各交、直流电源空气开关位置正确；各模块熔丝无熔断，工作无异常。

（5）柜门完好，开关正常。屏内无异音、异味，二次线无异常现象，电缆孔洞封堵严密。

十六、220kV 母线测量电压切换屏

（1）两套 CJX 操作继电器箱上各支路所连接母线指示灯与 220kV 系统实际运行方式相符。

（2）屏后各交流电压空气开关位置正确。

（3）柜门完好，开关正常。屏内无异音、异味，二次线无异常现象，电缆孔洞封堵严密。

十七、220kV 母联断路器保护屏

220kV 母联断路器保护屏示例图如图 3-31 所示。

图 3-31　220kV 母联断路器保护屏示例图

（1）保护装置"运行"指示灯亮，其他指示灯灭；液晶屏正常在屏保状态（暗屏），显示装置时间、220kV 母联断路器电流（二次值）及定值区号，装置时间应正确，母联断路器电流应不大于 1.22A，定值区号正常应显示"00"。

（2）CZX-12S 保护操作箱上，220kV 断路器跳、合位置指示正确。直流电源Ⅰ、Ⅱ指示灯亮。

（3）检查打印纸齐备；开启打印机电源开关，检查打印机正常。

（4）各保护出口压板位置正确，接触良好。

（5）屏后各交、直流电源空气开关位置正确。

（6）屏顶继电器工作正常，接点无抖动。

（7）柜门完好，开关正常。屏内无异音、异味，二次线无异常现象，电缆孔洞封堵严密。

十八、220kV 母线电压并列屏

220kV 母线电压并列屏示例图如图 3-32 所示。

图 3-32　220kV 母线电压并列屏示例图

（1）2 套 RCS-9663D 电压并列与监视装置上的并列 1、并列 2 指示灯亮，并列 3 指示灯不亮。

（2）220kV 母线第一套、第二套电压并列装置切换开关 1QK、2QK 正常在"禁止并列"位置；当 220kV 正母电压互感器或副母电压互感器检修而相应的母线仍在运行时，该开关投"允许并列"位置。

（3）屏后 220kV 母线第一套、第二套电压并列装置电源开关 1K、2K 在"合"位置。

（4）柜门完好，开关正常。屏内无异音、异味，二次线无异常现象，电缆孔洞封堵严密。

十九、220kV 系统电度表屏

（1）各电能表工作正常，无故障报警信号。

（2）各电能表交流电压、工作电源空气开关位置正确。

（3）柜门完好，开关正常。屏内无异音、异味，二次线无异常现象，电缆孔洞封堵严密。

二十、220kV 系统电气测量屏

（1）规约转换装置运行正常。

（2）PSR 661U 综合测控装置运行正常。液晶显示各运行参数正确。运行指示灯亮，远方/现地切换开关在"远方"位置，挂锁/解锁切换开关在"挂锁"位置。

（3）各多功能表工作正常，无故障报警信号。

（4）屏后各空气开关位置正确。

（5）柜门完好，开关正常。屏内无异音、异味，二次线无异常现象，电缆孔洞封堵严密。

二十一、开关站继保室直流 220V 配电屏

（1）Ⅰ、Ⅱ段直流母线电压、电流正常。

（2）Ⅰ、Ⅱ段直流母线正常在分段运行，各开关位置正确，与设备运行情况相符。

（3）WZJX-Ⅵ微机直流绝缘监察装置运行正常，运行指示灯亮，其他指示灯不亮，液晶屏显示直流系统各参数正常。

（4）各空气开关位置正确。

（5）柜门完好。屏内空气开关位置正确，无异音、异味，二次引线无异常现象，电缆孔洞封堵严密。

第十三节　厂房继保室设备

厂房继保室设备重点检查照明完好，室内温度应在 5～30℃ 范围内，相对湿度不应超过 75％，指示灯、触摸屏信息正常，开关、压板位置正确，

电缆孔、洞封堵严密，设备命名牌正确、完整无缺失。主要检查项目有：

（1）房顶及四壁粉刷物应无脱落现象。

（2）门窗关闭严密，门禁使用正常。窗户玻璃齐全无破损。

（3）照明设备齐全，灯具完好，满足工作需要。

（4）继保室内温度应在 5～30℃ 范围内，相对湿度不应超过 75%，否则应投入空调运行。

（5）室内无渗漏水、无异味。地面整洁，无杂物堆放。

（6）室内挡鼠板安装固定完好，无小动物痕迹。

（7）设备命名牌正确、完整无缺失。

一、厂房继保室直流 220V 配电屏（一）、（二）

（1）Ⅰ、Ⅱ段直流母线电压正常。

（2）Ⅰ、Ⅱ段直流母线正常在分段运行，各开关位置正确，与设备运行情况相符。

（3）微机绝缘检测装置正常情况下不投，其切换开关放"切"位置，各指示灯不亮。

（4）屏后照明开关正常。

（5）柜门完好，开关正常。屏内无异音异味，二次引线无异常现象，电缆孔洞封堵严密。

二、1 号主变压器第一（二）套保护屏

1 号主变压器第一（二）套保护屏示例图如图 3-33 所示。

（1）CJX-05 电压切换装置面板上主变压器联结的对应运行母线指示灯亮。

（2）PCS-985TW 保护装置"运行"指示灯亮，"报警"及"跳闸""TV 断线""TA 断线"指示灯不亮。

（3）液晶屏正常情况下应显示主变压器单元接线画面，画面上显示装置时间及主变压器各侧运行参数应正常，定值区号正常应显示"01"，主变

压器差流应小于 $0.1I_e$，记录主变压器差流。

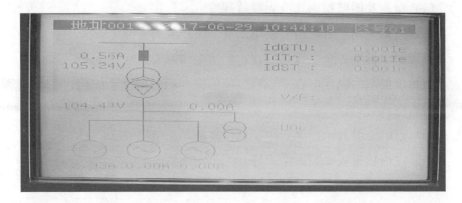

图 3-33　1号主变压器第一（二）套保护屏示例图

（4）各保护压板接触良好，位置正确，符合运行规程的规定及现场实际情况。

（5）各电流试验部件 1SD～5SD 位置正确，接触良好。

（6）屏后各交、直流电源空气开关位置正确。

（7）柜门完好，开关正常。屏内无异音、异味，二次接线无异常现象，电缆孔洞封堵严密。

三、1号主变压器非电量保护屏

1号主变压器非电量保护屏示例图如图 3-34 所示。

图 3-34　1号主变压器非电量保护屏示例图

（1）CZX-12S 保护操作箱上，220kV 断路器跳、合位置指示正确。直流电源 Ⅰ、Ⅱ 指示灯亮。

（2）PCS-974 保护装置"运行"指示灯亮，"报警""跳闸"指示灯不亮；各报警及保护动作指示灯不亮。

（3）PCS-974 保护装置液晶屏正常情况下应显示装置时间及各保护动作信息，定值区号正常应显示"01"，主变压器运行参数应正常。

（4）各保护压板接触良好，位置正确，符合运行规程的规定及现场实际情况。

（5）屏后各交、直流电源空气开关位置正确。

（6）柜门完好，开关正常。屏内无异音、异味，二次接线无异常现象，电缆孔洞封堵严密。

四、2 号主变压器第一（二）套保护屏

2 号主变压器第一（二）套保护屏示例图如图 3-35 所示。

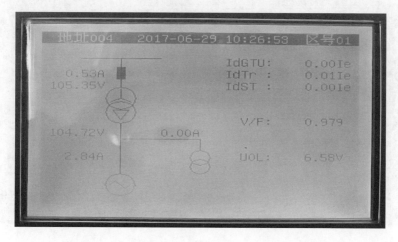

图 3-35　2 号主变压器第一（二）套保护屏示例图

（1）CJX-05 电压切换装置面板上主变压器联结的对应运行母线指示灯亮。

（2）PCS-985TW 保护装置"运行"指示灯亮，"报警"及"跳闸""TV 断线""TA 断线"指示灯不亮。

（3）液晶屏正常情况下应显示主变压器单元接线画面，画面上显示装置时间及主变压器各侧运行参数应正常，定值区号正常应显示"01"，主变压器差流应小于 $0.1I_e$，记录主变压器差流。

（4）各保护压板接触良好，位置正确，符合运行规程的规定及现场实际情况。

（5）各电流试验部件 1SD～4SD 位置正确，接触良好。

（6）屏后各交、直流电源空气开关位置正确。

（7）柜门完好，开关正常。屏内无异音、异味，二次接线无异常现象，电缆孔洞封堵严密。

五、2 号主变压器非电量保护屏

2 号主变压器非电量保护屏示例图如图 3-36 所示。

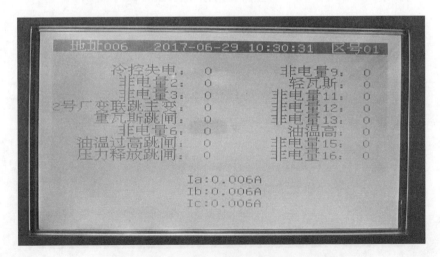

图 3-36　2 号主变压器非电量保护屏示例图

（1）CZX-12S 保护操作箱上，220kV 断路器跳、合位置指示正确。直流电源Ⅰ、Ⅱ指示灯亮。

（2）PCS-974 保护装置"运行"指示灯亮，"报警""跳闸"指示灯不亮；各报警及保护动作指示灯不亮。

（3）PCS-974 保护装置液晶屏正常情况下应显示装置时间及各保护动作信息，定值区号正常应显示"01"，主变压器运行参数应正常。

（4）各保护压板接触良好，位置正确，符合运行规程的规定及现场实际情况。

（5）屏后各交、直流电源空气开关位置正确。

（6）柜门完好，开关正常。屏内无异音、异味，二次接线无异常现象，电缆孔洞封堵严密。

六、3 号主变压器第一（二）套保护屏

3 号主变压器第一（二）套保护屏示例图如图 3-37 所示。

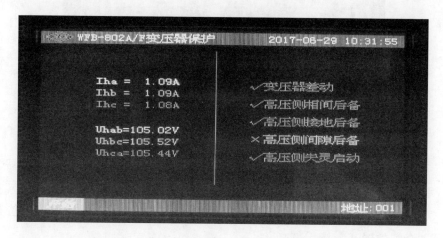

图 3-37　3 号主变压器第一（二）套保护屏示例图

（1）ZYQ-811 电压切换装置，"Ⅰ母电压""Ⅱ母电压"指示灯正确。

（2）WFB-802A 保护装置"保护 CPU1""保护 CPU2"运行指示灯亮，"装置故障""启动""信号"及"跳闸"指示灯不亮。

（3）液晶屏正常情况下显示装置时间及主变压器各侧运行参数及保护投入情况应正常；主变压器差流应小于 0.1A，记录主变压器差流。

（4）打印机电源正常，打印纸充足。

（5）各保护压板接触良好，位置正确，符合运行规程的规定及现场实际情况。

（6）各电流试验部件 SD1～SD3 位置正确，接触良好。

（7）屏后各交、直流电源空气开关位置正确。

（8）柜门完好，开关正常。屏内无异音、异味，二次接线无异常现象，电缆孔洞封堵严密。

七、3 号主变压器非电量保护屏

3 号主变压器非电量保护屏示例图如图 3-38 所示。

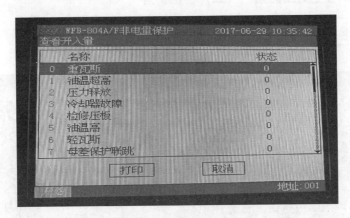

图 3-38　3 号主变压器非电量保护屏示例图

（1）ZSZ-812/B 三相操作箱"电源监视Ⅰ""电源监视Ⅱ""合闸位置Ⅰ""合闸位置Ⅱ"指示灯亮。

（2）WFB-804A 保护装置"保护 CPU1"运行指示灯亮，"装置故障""启动""信号"及"跳闸"指示灯不亮。

（3）保护装置液晶屏正常情况下应显示装置时间及各保护动作信息应正常。

（4）打印机电源正常，打印纸充足。

（5）各保护压板接触良好，位置正确，符合运行规程的规定及现场实际情况。

（6）屏后各交、直流电源空气开关位置正确。

（7）柜门完好，开关正常。屏内无异音、异味，二次接线无异常现象，电缆孔洞封堵严密。

八、厂房继保室综合动力柜

（1）屏面电压表电压指示正常（360～420V），Ⅰ段、Ⅱ段电源开关控制选择开关在"auto"位置，U_n、U_R 指示灯亮，fault 故障报警灯不亮。

（2）各支路电源开关命名完整；位置正确，符合现场实际需要。

（3）Ⅰ段电源开关、Ⅱ段电源开关位置指示正确，储能正常。熔丝完好。防过压装置空气开关在"合"。

（4）柜内无异味、电缆孔、洞封堵严密，柜门完好，开关正常。

九、信息网络机柜

（1）电源指示正常。

（2）柜内无异味、电缆孔、洞封堵严密，柜门完好，开关正常。

十、音频配线柜

柜内无异味、电缆孔、洞封堵严密，柜门完好，开关正常。

十一、公用系统 LCU 装置（一）屏

（1）设备电源 DY1、I/O 电源 DY2 的 IN1、OUT1、IN2、OUT2 灯亮。

（2）监控屏显示系统各参数正确。

（3）现地/远方把手 TS1 在"远方"位置。

（4）PLC12 槽机箱 R1 各插件运行正常。

（5）屏后电源装置交、直流输入电源开关在"合"。

（6）各空气开关位置正确。

（7）通信控制器、控制 A 网、B 网交换机工作正常。

（8）柜门完好，开关正常。屏内无异音、异味，二次引线无异常现象，

电缆孔洞封堵严密。

十二、公用系统 LCU 装置（二）屏

（1）PLC12 槽机箱 R1 各插件运行正常。

（2）屏后各空气开关位置正确。

（3）柜门完好，开关正常。屏内无异音、异味，二次引线无异常现象，电缆孔洞封堵严密。

十三、ERTU3000 型电能量装置屏

（1）装置 AC、DC、LAN4 指示灯亮，RUN 指示灯闪亮，其他灯不亮，装置工作正常。

（2）屏后电源开关 1ZKK 在"合"。

（3）柜内无异味、电缆孔、洞封堵严密，柜门完好，开关正常。

十四、UPS 电源屏

UPS 电源屏示例图如图 3-39 所示。

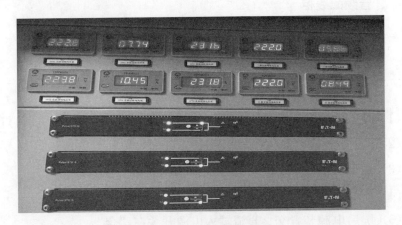

图 3-39　UPS 电源屏示例图

（1）屏顶 10 只交流、直流电压、电流表数值显示正确。

（2）装置运行正常，无故障和火警信号。

（3）屏后交流输入电源熔丝旋紧，底座无异常现象，熔芯无熔断。

（4）柜门完好，开关正常。屏内无异音、异味，二次接线无异常现象，电缆孔洞封堵严密。

十五、第一（二）套线路过载联切装置屏

（1）第一（二）套稳定控制从机1、从机2插件上的"运行"指示灯亮，其他指示灯不亮。

（2）第一（二）套稳定控制主机插件上的"运行"指示灯亮，其他指示灯不亮；液晶显示屏显示装置时间及220kV系统参数正常，与实际运行情况相符。

（3）装置压板运行位置正确。

（4）屏后各电源开关位置正确。

（5）柜门完好，开关正常。屏内无异音、异味，各端子及接线无异常现象，电缆孔洞封堵严密。

十六、厂房继保室电压转接屏

（1）各电流试验部件位置正确，接触良好。

（2）各端子及接线无异常现象，电缆孔洞封堵严密。

（3）柜门完好，开关正常。

十七、同步相量测量装置屏

同步相量测量装置屏示例图如图3-40所示。

（1）SMU-2G发电机同步相量测量装置"电源"指示灯亮，"运行""同步""秒脉冲"指示灯闪亮。

（2）SMU-2GPS同步时钟单元SYNC、UART指示灯常亮，RUN、1PPS、10KHZ指示灯闪亮。液晶屏显示时间正确。

（3）柜门完好，开关正常。屏内无异音、异味，二次接线无异常现象，电缆孔洞封堵严密。

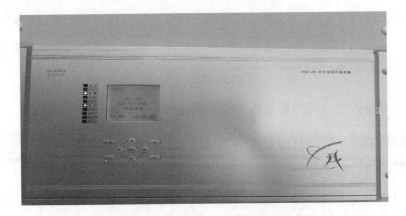

图 3-40　同步相量测量装置屏示例图

十八、火灾报警装置控制屏

（1）各输入模块、输出模块、数据总线隔离模块信号灯闪亮。

（2）广播功率放大器的工作、主电指示灯绿灯亮。

（3）20A 消防电源模块的主电工作、充电状态指示灯亮。

（4）消防电话总机工作指示灯绿灯亮，显示屏显示时间正确，系统运行正常。

（5）CD 播放应急广播装置电源指示灯亮。

（6）火灾报警装置电源指示灯亮，其他灯不亮，显示屏显示时间正确，系统运行正常。

十九、机组状态监测上位机柜

（1）主机、显示器及各装置电源指示灯亮，无明显的异常情况。

（2）IPC-810E 主机工作指示灯亮，电源开关在"合"。

（3）柜门完好，开关正常。屏内无异音、异味，二次接线无异常现象，电缆孔洞封堵严密。

二十、GPS 时钟柜

（1）TimeDA2000-BDT 和 TimeDA2000 装置上 RUN、LOCKED、

IRIG INPUT1、IRIG INPUT2 绿灯亮，POWER 红灯亮，TRACK 灯不亮。

（2）TimeDA2000-BDT 和 TimeDA2000 装置显示屏显示时间正确。

二十一、保护信息收集柜

（1）CSC-1326 保护及故障信息管理装置电源指示灯亮，液晶显示屏显示时间正确，运行正常。

（2）CSI-200E 数字式综合测量控制装置运行、解锁、远方三盏指示灯亮，液晶显示屏显示正常。

（3）所有保护检修投入压板位置正确，接触良好。

（4）工控机 POWER 灯亮，HAPDDISK、STATUSA 灯不亮。

二十二、2 号、3 号厂变微机保护屏

（一）2 号厂变保护部分

（1）SEL-551 保护继电器 EN 灯常亮，其他灯灭；液晶显示屏正常在屏保状态，显示继电器型号"SEL-551"。

（2）SEL-351A 保护继电器 EN 灯常亮，其他灯灭；液晶显示屏正常在屏保状态，循环显示开关位置、各相电流值等信息。

（3）GS-311C 保护操作箱上"就地/远控"切换开关正常在"远控"位置；开关分合闸位置指示灯指示正确；手动分合闸按钮在释放状态。

（4）2 号厂变保护各压板位置正确，接触良好。

（二）3 号厂变保护部分

（1）SEL-551 保护继电器 EN 灯常亮，其他灯灭；液晶显示屏正常在屏保状态，显示继电器型号"SEL-551"。

（2）GS-311C 保护操作箱上"就地/远控"切换开关正常在"远控"位置；开关分合闸位置指示灯指示正确；手动分合闸按钮在释放状态。

（3）3 号厂变保护各压板位置正确，接触良好。

（三）其他

柜门完好，开关正常。屏内无异音、异味，二次接线无异常现象，电

缆孔洞封堵严密。

二十三、1号厂变、坝区变微机保护屏

（一）1号厂变保护部分

（1）SEL-551保护继电器EN灯常亮，其他灯灭；液晶显示屏正常在屏保状态，显示继电器型号"SEL-551"。

（2）SEL-351A保护继电器EN灯常亮，其他灯灭；液晶显示屏正常在屏保状态，循环显示开关位置、各相电流值等信息。

（3）GS-311C保护操作箱上"就地/远控"切换开关正常在"远控"位置；开关分合闸位置指示灯指示正确；手动分合闸按钮在释放状态。

（4）1号厂变保护各压板位置正确，接触良好。

（二）坝区变保护部分

（1）SEL-551保护继电器EN灯常亮，其他灯灭；液晶显示屏正常在屏保状态，显示继电器型号"SEL-551"。

（2）SEL-351A保护继电器EN灯常亮，其他灯灭；液晶显示屏正常在屏保状态，循环显示开关位置、各相电流值等信息。

（3）GS-311C保护操作箱上"就地/远控"切换开关正常在"远控"位置；开关分合闸位置指示灯指示正确；手动分合闸按钮在释放状态。

（4）坝区变保护各压板位置正确，接触良好。

（三）其他

柜门完好，开关正常。屏内无异音、异味，二次接线无异常现象，电缆孔洞封堵严密。

二十四、厂用电自动切换装置屏

（1）SEL-451保护继电器ENABLED灯常亮，备自投充电灯亮，其他灯灭；液晶显示屏显示电压、电流数值正确。

（2）1号（2号、3号）厂变及高压断路器投/退开关11BDL（12BDL、13BDL）与实际相符，相应状态指示灯亮（断路器在"合"时红灯亮，断

路器在"分"时绿灯亮）。

（3）厂用 400V Ⅰ（Ⅱ）段母线投/退开关 1QK（2QK）与实际相符，相应状态指示灯亮（投入时绿灯亮，退出时绿灯灭。注：红灯未接入）。

（4）1ZKK-5ZKK 操作把手在"远方"位置。相应状态指示灯亮（断路器在"合"时红灯亮，断路器在"分"时绿灯亮）。

（5）各保护各压板位置正确，接触良好。

（6）柜门完好，开关正常。屏内无异音、异味，二次接线无异常现象，电缆孔洞封堵严密。

二十五、厂房继保室监控中转柜

柜门完好，开关正常。屏内无异音、异味，二次接线无异常现象，电缆孔洞封堵严密。

第十四节　中控室设备

中控室设备重点检查照明完好，室内温度应在 5～30℃ 范围内，相对湿度不应超过 75%，操作员站、微机"五防"系统等设备状态显示与实际设备运行状态一致，设备命名牌正确、完整无缺失。主要检查项目有：

（1）房顶及四壁装修物应无脱落现象。

（2）门窗关闭严密，门禁使用正常。窗户玻璃齐全无破损。

（3）照明设备齐全，灯具完好，满足工作需要。

（4）室内温度应在 5～30℃ 范围内，相对湿度不应超过 75%，否则应投入空调运行。

（5）室内无渗漏水、无异味。地面整洁，无杂物堆放。

（6）室内挡鼠板安装固定完好，无小动物痕迹。

（7）设备命名牌正确、完整无缺失。

（8）操作员站（JSTOPA、JSTOPB）无死机。操作员站画面上主接线设备状态显示与实际设备运行状态一致。简报信息栏报警工作正常。语音报警声音正常。

（9）微机"五防"系统正常。状态显示与实际设备运行状态一致。

（10）调度电话站调与梯调通信畅通。

（11）水位计显示水位正常。

（12）工业电视显示画面正常。

（13）门禁系统运行正常。

第十五节　智慧水电信息平台数据巡检

智慧水电信息平台数据巡检重点检查设备运行曲线在正常区间范围。

一、油位监视

（一）压油槽、集油槽（回油箱）、漏油箱油位监视

压油槽、集油槽（回油箱）、漏油箱油位监视示例图如图 3-41 所示。

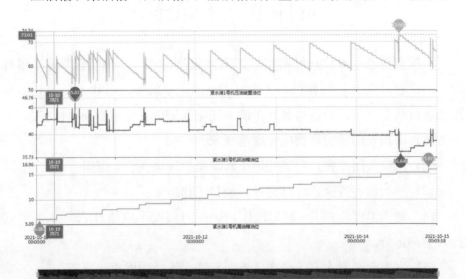

图 3-41　压油槽、集油槽（回油箱）、漏油箱油位监视示例图

（1）压油槽、集油槽（回油箱）、漏油箱油泵停止时变化趋势正常，油位、油压的变化应在区间范围内。单位时间内油泵的启停次数没有明显变

稀松或者密集。（油压为 2.3～2.5MPa 之间，油位的峰谷和曲线密度应与近一个月相符）

（2）压油槽、集油槽（回油箱）、漏油箱油泵启动时段，与各油箱的油位峰谷对应。油压启动和停止值应在区间范围内。启停次数与抛物线的数量一样，且数量未明显增加。

（二）上导、下导油位监视

上导、下导油位监视示例图如图 3-42 所示。

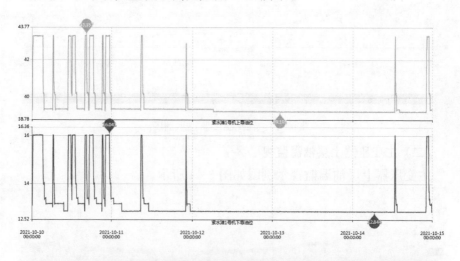

图 3-42 上导、下导油位监视示例图

（1）上导油位在开机之后的变化趋势正常，变化量应在区间范围内。

（2）上导油位在停机之后的变化趋势正常，变化量应在区间范围内。

二、温度监视

（一）轴瓦温度监视

上导、下导、推力轴瓦温度监视示例图如图 3-43 所示。

（1）开机时温度骤升，停机则缓慢下降。

（2）骤升的时间应于开机时间吻合，停机后温度也应缓慢降到恒定值。

（3）上导、下导轴瓦正常范围应在 5～65℃ 之间波动，不得超过 70℃；推力轴瓦正常范围应在 5～50℃ 之间波动，不得超过 60℃。

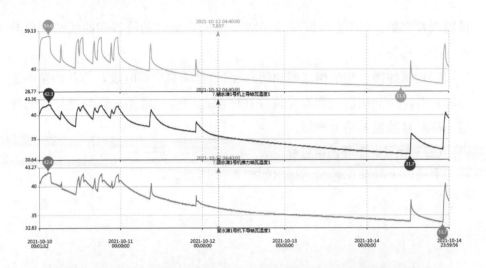

图 3-43　轴瓦温度监视示例图

（二）主变压器上层油温监视

主变压器上层油温监视示例图如图 3-44 所示。

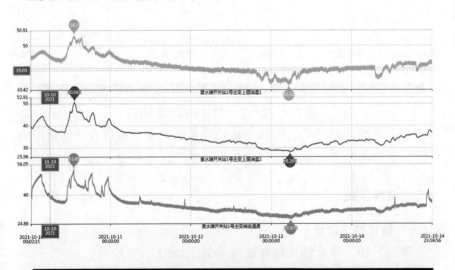

图 3-44　主变压器上层油温监视示例图

（1）主变压器温度波动范围应该符合规程中的油温温度。

（2）防止油质劣化，上层油温最高不超过 85℃，正常监视油温应不超过 75℃。

（3）主变压器自动控制时，4 台冷却器中 2 台工作组冷却器运行，辅助冷却器在主变压器过负荷、主变压器油温（或主变压器线圈温度）上升至 60℃（70℃）自动投入运行；备用冷却器在工作冷却器故障（油流故障、油泵故障、风机故障、电源故障）、主变压器油温（或主变压器线圈温度）过高时自动投入运行。冷却器每 15 天自动进行工作/辅助/备用切换。

（4）当 2 号主变压器上层油温度升至 60℃或负荷电流升至 70%，系统再自动启动辅助冷却器运行；当主变压器上层油温度降至 50℃以下或负荷电流也降至 70%以下时，系统自动延时切除 1 组冷却器运行。当主变压器停运后，并且油温也降至 50℃以下，系统自动延时切除全部运行的冷却器。

（5）在正常状态下，主变压器冷却器不可全部切除超过 1h。

三、水导压力监视

水导压力监视示例图如图 3-45 所示。

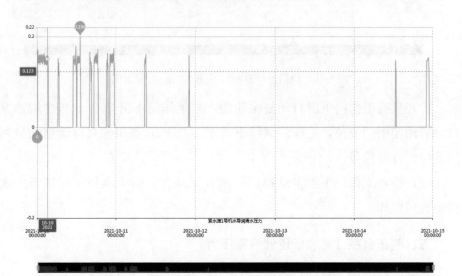

图 3-45　水导压力监视示例图

（1）水导水压在开机之后的变化趋势正常，应在区间范围内。1～4 号、6 号机水导正常范围应在 0.1～0.14MPa 之间波动，5 号机水导正常范围应在 0.1～0.22MPa 之间波动。

（2）机组运行时水导润滑水不能中断，否则会导致烧瓦。

四、闸门开度监视（下滑 200mm）

闸门开度监视（下滑 200mm）示例图如图 3-46 所示。

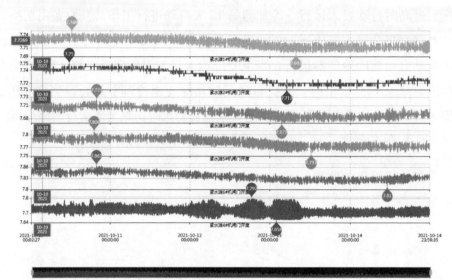

图 3-46　闸门开度监视（下滑 200mm）示例图

（1）具有工作门下滑自动复位功能：当工作门下滑 200mm，主用油泵自动启动使闸门复位，工作门继续下滑至 300mm，备用油泵自动启动使闸门复位，并发信号。

（2）检查工作门下滑自动提门回路有无动作，若未动作，可进行一次自动提门操作。

五、气压监视（高、低压储气罐压力）

气压监视（高、低压储气罐压力）示例图如图 3-47 所示。

（1）高、低压储气泵停止时变化趋势正常，缓慢的趋势变化应在区间范围内。单位时间内启停的次数没有明显变稀松或者密集。连续运行时间不得超过 40min。

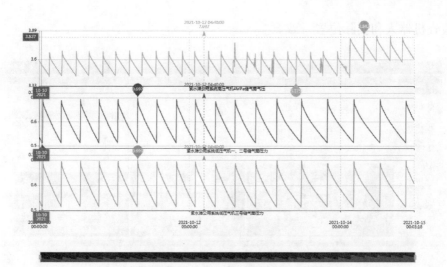

图 3-47 气压监视（高、低压储气罐压力）示例图

（2）高、低压储气泵启动时段，启动和停止值应在区间范围内。高压储气罐压力范围为：3.5MPa（启）～3.95MPa（停）；低压储气罐压力范围为：0.5MPa（启）～0.76MPa（停）。

（3）主、备用 2 台压气机自动主备用切换，观察是否轮换启动。

第十六节 机器人后台巡检

机器人后台巡检主要检查机器人巡检系统运行正常，机器人按任务安排进行巡检，报表信息有无异常。

一、系统主画面总体巡检

打开机器人后台系统之后默认进入到"实时监控"页面，页面最顶端为标题栏，机器人电池电量信息（机器人在机房时应为充电状态或者电量为100％），示例图如图 3-48 所示。

二、实时监控界面巡检

（一）电子地图

检查巡检环境地图、显示机器人位置、显示巡检点、显示巡检路线，检查机器人和实际位置一致。

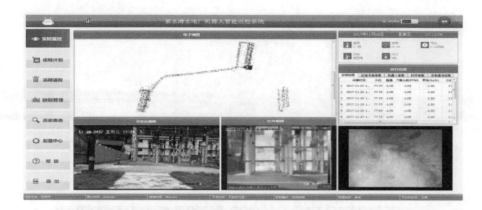

图 3-48   机器人实时监控画面示例图

（二）可见光视频

后台实时地观察到巡检过程中高清设备的信息，示例图如图 3-49 所示。

图 3-49   可见光视频画面示例图

（三）红外视频

红外视频主要功能与可见光视频控件基本相同，后台实时显示了巡检机器人上红外热像仪拍摄的图像，示例图如图 3-50 所示。

（四）微气象信息

显示微气象设备采集到的实时气象数据，示例图如图 3-51 所示。

（五）运行信息

主要包含了探测信息、巡检信息（高清、红外巡检任务信息）、机器人

图 3-50　红外视频画面示例图

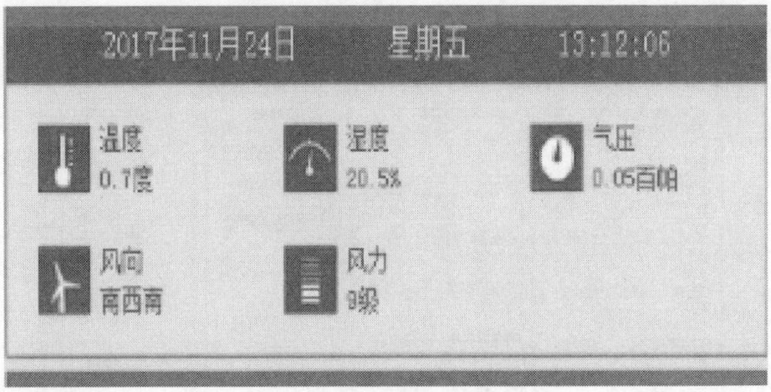

图 3-51　微气象信息画面示例图

信息（机器人运行情况）、软件信息及设备通信信息，其中探测信息的水位、裂缝、SF_6 以及 CH_4 等数据的检测与前一阶段数据有较大变化或者显示变红表示异常，及时到现场或通知专业人员核实信息，示例图如图 3-52 所示。

（六）机器人信息

机器人信息分为三个子模块，各状态应示例图如图 3-53 所示。

（七）软件信息

软件信息显示下位机软件信息工作情况。

（八）设备通信信息

设备通信信息显示机器人本体和站内网络设备与客户端的通信情况，正常状态示例图如图 3-54 所示。

图 3-52　运行信息画面示例图

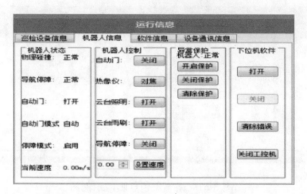

图 3-53　机器人信息画面示例图

图 3-54　设备通信信息画面示例图

三、巡检计划画面巡检

巡检计划界面，任务安排是一个日历信息，检测日历上的每一天所有与巡检任务相关的信息，包括当日已经完成的巡检任务、正在执行的巡检任务和当日的定时巡检计划。

四、历史查询画面巡检

历史查询界面分为两部分，分别对应了两种查询的方式。一种是根据巡检任务进行查询，一种是根据设备列表进行查询。

（一）根据巡检任务进行查询

根据巡检任务进行查询界面，按时间顺序进行分类，显示了所有已经完成的巡检任务信息，通过双击任意一条任务可以进入到详细查询界面，查看本次任务所有设备的详细巡检情况，示例图如图 3-55 所示。

图 3-55　历史查询画面示例图

（二）报表查询详细信息

选择上一个巡检报告（红外及高清），点击状态，出现巡检异常事件（如有），点击该事件确认现场异常情况，如与现场一致，标识为缺陷。此时页面右边显示了该设备本次巡检的详细信息，双击页面中的图片，可以使图片放大。页面中还包括了该设备历史巡检的所有信息，点击历史数据列表中的信息，可以调取历史巡检的数据，做各组历史数据之间的比较，不应有较大变化。报表查询详细信息示例图如图 3-56 所示。

图 3-56　报表查询详细信息画面示例图

（三）历史曲线信息

历史曲线控件，将某个设备历史的巡检数据绘制成一条曲线，数字量检查该设备一段时间内运行的状态是否稳定，开关量检查设备状态和实际一致，示例图如图 3-57 所示。

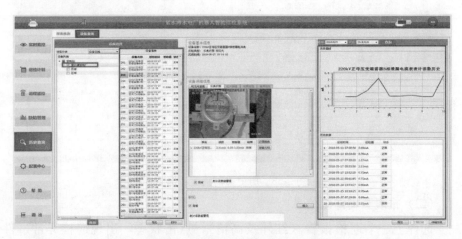

图 3-57　历史曲线信息画面示例图

（四）根据设备列表进行查询

根据设备列表查询则可以通过在设备树中勾选设备，来查询该设备的所有的巡检信息，示例图如图 3-58 所示。

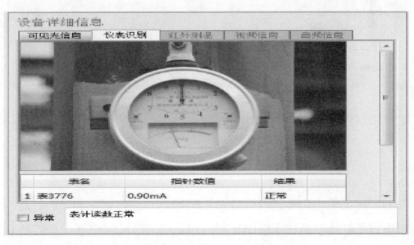

图 3-58 设备列表查询画面示例图

（五）设备选择

通过点击设备清单中的某条信息，机器人巡检发现异常，状态变红，巡检人员要进一步地查看该设备的详细巡检信息。

（六）设备详细信息

发现报警信息，应检测设备实际状态（表记度数、液位、声音、红外等）和巡检信息是否一致，确认设备异常，标记为缺陷，示例图如图 3-59～图 3-61 所示。

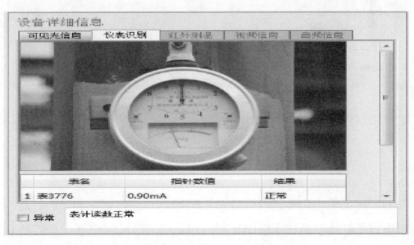

图 3-59 设备详细信息画面示例图 1

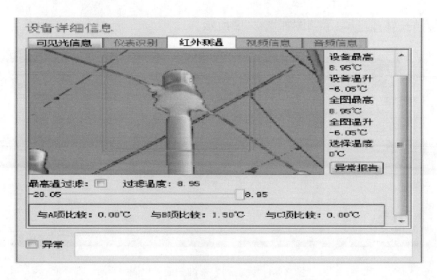

图 3-60　设备详细信息画面示例图 2

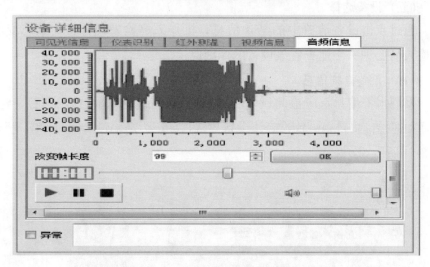

图 3-61　设备详细信息画面示例图 3

第十七节　红外测温专项巡检

每月对主要带电设备进行红外测温一次，并进行记录和分析。巡检要求以《带电设备红外诊断技术应用导则》（DL/T 664）、《电气设备红外检测规程》（Q/JSD 10809）为指导。红外测温专项巡检要求如表 3-1、表 3-2 所示。

表 3-1

电流致型设备缺陷评判依据

设备类别和部位		热像特征	故障特征	缺陷性质			备注
				一般缺陷	严重缺陷	危急缺陷	
电气设备与金属部件的连接	接头和线夹	以导线夹和接头中心的热像	接触不良	温差不超过15K，未达到严重缺陷	热点温度不小于80℃ 或δ不小于80%	热点温度不小于110℃ 或δ不小于95%	δ:相对温差
金属与金属部件的连接	接头和线夹	以接头和接线夹为中心的热像	接触不良	温差不超过15K，未达到严重缺陷	热点温度不小于90℃ 或δ不小于80%	热点温度不小于130℃ 或δ不小于95%	
金属导线		以导线为中心的热像	松股、断股、老化、截面积不够	温差不超过15K，未达到严重缺陷	热点温度不小于80℃ 或δ不小于80%	热点温度不小于110℃ 或δ不小于95%	
输电导线的连接器（各类线夹）		以导线夹和接头中心的热像	接触不良	温差不超过15K，未达到严重缺陷	热点温度不小于90℃ 或δ不小于80%	热点温度不小于130℃ 或δ不小于95%	
隔离开关	转头	以转头为中心的热像	转头接触不良	温差不超过15K，未达到严重缺陷	热点温度不小于90℃ 或δ不小于80%	热点温度不小于130℃ 或δ不小于95%	
	刀口	以刀口弹簧为中心的热像	弹簧压接不良	温差不超过10K，未达到严重缺陷	热点温度不小于55℃ 或δ不小于80%	热点温度不小于130℃ 或δ不小于95%	
断路器	动静触头	以顶帽和下法兰为中心的热像	压指压接不良	温差不超过10K，未达到严重缺陷	热点温度不小于55℃ 或δ不小于80%	热点温度不小于80℃ 或δ不小于95%	
电流互感器	内连接	以顶部铁帽为中心的热像	螺杆接触不良	温差不超过10K，未达到严重缺陷	热点温度不小于55℃ 或δ不小于80%	热点温度不小于80℃ 或δ不小于95%	
套管	柱头	以顶部柱头为中心的热像	柱头压接不良	温差不超过10K，未达到严重缺陷	热点温度不小于55℃ 或δ不小于80%	热点温度不小于80℃ 或δ不小于95%	
电容器	熔丝、熔座	以熔丝熔座中心热像	熔丝容量不够或熔丝座接触不良	温差不超过10K，未达到严重缺陷	热点温度不小于55℃ 或δ不小于80%	热点温度不小于80℃ 或δ不小于95%	

表 3-2　　电压致型设备缺陷评判依据

设备类别和部位		热像特征	故障特征	温差 (K)	处理方式
电流互感器	10kV 浇注式	以本体为中心整体发热	铁芯短路或局间放电	4	进行电气试验
	油浸式	以瓷套整体温升增大，且瓷套上部温度偏高	介质损耗偏大	2～3	进行电气、油化试验
电压互感器	10kV 浇注式	以本体为中心整体发热	铁芯短路或局间放电	4	进行电气试验
	油浸式	以瓷套整体温升增大，且瓷套上部温度偏高	介质损耗偏大、面间短路或铁芯损耗增大	2～3	进行电气、油化试验
耦合电容器	油浸式	以整体温升偏高或局部过热，且发热符合自上而下递减规律	介质损耗增大，电容量变化、老化或局部放电	2～3	进行电气、油化试验
高压套管		热像特征呈现以套管整体发热现象	介质损耗偏大	2～3	进行电气、油化试验
充油套管	绝缘子柱	热像特征以套管局部发热现象	局部放电故障，油路或气路的堵塞		
		热像特征以油面处为最高温度的热像，油面有一明显的水平分界线	缺油		检查油位、补油
氧化锌避雷器	10kV-60kV	正常为整体微发热，较热点一般在靠近上部且末均匀，多节组合从上到下各节温度递减，引起整体发热或局部发热异常	阀片受潮或老化	0.5～1	进行电气、油化试验
绝缘子		正常绝缘子串的温度分布同电压分布规律，以铁帽为发热中心的热像	低值绝缘子发热 (10～300MΩ)		
		发热绝缘子温度较正常绝缘子要低，热像特征与绝缘子相比呈暗色调	零值绝缘子发热 (0～10MΩ)	1	
		其热像特征是以整盘为发热中心的热像	由于表面污秽引起绝缘子泄漏电流增大	0.5	
电缆终端		以整体电缆头为中心热像	电缆头受潮、劣化	0.5～1	
		以护层接地连接为中心的热像	接地不良	5～10	
		伞裙局部区域发热	内部有局部放电		
		根部有整体性发热	内部介质受潮	0.5～1	

第十八节 调控中心主要画面巡检

一、调控总体画面巡检

调控总体画面巡检的主要内容是设备状态和报警信息。

(一) 报警一览表精益化巡检要求

1. 工具栏

(1) 厂站选择项显示"所有厂站";

(2) 报警内容选择项显示"所有报警";

(3) 测点类型选择项显示"显示总记录"。

2. 报警内容

(1) 所有从前次巡检之后新出现的测点"动作"信号,前后应一致,且均有"复归"信号与之一一对应,通过"范围报警确认"或"页报警确认""列表报警确认"按键确认后,信号应能复归。

(2) 所有不能复归的报警信号(包括测点"动作"信号和设备状态转化信号等),报警原因应明确,或已通知有关人员。

(3) 当报警信号较多时,可采用厂站选择项、设备过滤器、测点类型选择项、报警内容选择项等工具进行筛选,然后一一进行分析、确认、处理。

(4) 必要时应查询事件一览表、数据一览表进行核对、分析。

(5) 所有报警一览表信号报警时,语音报警站应有语音报警,并与报警一览表对应。

(二) 集控 PID 调节图精益化巡检要求

站调机组调节模块(发电状态)要求:

(1) 机组状态显示正确。

(2) 有功给定:有功功率限额为 55MW;与调度指令要求相符。

(3) 有功实发:与有功给定相符。

(4) 无功给定:当机组带额定有功负荷时,无功功率的允许范围－15～

34Mvar；当机组有功负荷为 0 时，无功功率的允许范围为－20～40Mvar；与调度指令要求相符。

（5）无功实发：与无功给定相符。

（三）集控监控系统设备状态图精益化巡检要求

1. 语音报警功能

显示"投入"，绿色字体。

2. 设备状态

（1）操作员站 A、操作员站 B、数据服务器 A、数据服务器 B、工程师站均显示"投入"，绿色字体。

（2）梯调通信机 A、梯调通信机 B、语音报警站、历史数据服务器、厂内通信机均显示"投入"，绿色字体。

3. 网络状态（A 网）

（1）操作员站 A、操作员站 B、数据服务器 A、数据服务器 B、工程师站均显示"正常"，绿色字体。

（2）梯调通信机 A、梯调通信机 B、语音报警站、历史数据服务器、厂内通信机均显示"正常"，绿色字体。

4. 网络状态（B 网）

（1）操作员站 A、操作员站 B、数据服务器 A、数据服务器 B、工程师站均显示"正常"，绿色字体。

（2）梯调通信机 A、梯调通信机 B、语音报警站、历史数据服务器、厂内通信机均显示"正常"，绿色字体。

（四）事件一览表精益化巡检要求

1. 工具栏

（1）实时记录与历史记录选择项显示"实时记录"。

（2）厂站选择项显示"所有厂站"。

（3）报警内容选择项显示"所有报警"。

（4）测点类型选择项显示"显示总记录"。

2. 报警内容

（1）所有从前次巡检之后新出现的测点"动作"信号，前后应一致，且均有"复归"信号与之一一对应。

（2）所有不能复归的报警信号（包括测点"动作"信号和设备状态转化信号等），报警原因应明确，或已通知有关人员。

（3）当报警信号较多时，可采用厂站选择项、设备过滤器、测点类型选择项、报警内容选择项等工具进行筛选，然后一一进行分析、确认、处理。

（4）必要时应查询报警一览表、数据一览表进行核对、分析。

（五）数据一览表精益化巡检要求

1. 总体原则

按照厂站、设备（PLC）、测点类型不同，逐个厂站、逐个设备（PLC）、逐个测点类型进行检查。

2. 模拟量

各模拟量数据显示正常（绿色字体），没有越、复限情况，通道质量均显示"正常"，是否强制均显示"否"，扫查均显示"允许"，报警均显示"允许"。

3. 中断量

（1）机组并网运行时，"＊号机组断路器合闸位置"实时状态显示为"动作（1）"，"＊号机组断路器分闸位置"实时状态显示为"复归（0）"，其他测点实时状态显示均为"复归（0）"。

（2）机组备用状态时，"＊号机组断路器合闸位置"实时状态显示为"复归（0）"，"＊号机组断路器分闸位置"实时状态显示为"动作（1）"，其他测点实时状态显示均为"复归（0）"。

（3）所有测点通道质量均显示"正常"，是否强制均显示"否"，扫查均显示"允许"，报警均显示"允许"。

4. 扫查开入量

（1）各测点实时状态显示正常，跟机组实际状态相符。

（2）所有测点通道质量均显示"正常"，是否强制均显示"否"，扫查均显示"允许"，报警均显示"允许"。

5. 综合信息量

（1）各测点实时状态显示正常，跟机组实际状态相符。

（2）所有测点通道质量均显示"正常"，是否强制均显示"否"，扫查均显示"允许"，报警均显示"允许"。

6. 开关输出量

（1）各测点实时状态显示正常，跟机组实际状态相符。

（2）所有测点通道质量均显示"正常"，是否强制均显示"否"，扫查均显示"允许"，报警均显示"允许"。

二、站调主要监视画面巡检

站调主要监视画面精益化巡检的重点内容是设备状态、电流、电压、温度、压力、油位等。

（一）站调主接线画面精益化巡检要求

1. 站调上、下游水位显示正常

（1）站调上游水位显示值与当时实际水位相符，必要时与水能班核对。

（2）站调下游水位显示值与当时实际水位相符，必要时与水能班核对。

2. 220kV 正、副母线电压、频率正常

（1）电压：221～241kV，并与当时三个单元母线、各 220kV 出线、系统其他各点电压情况相符。

（2）频率：49.82～50.18Hz，并与当时三个单元母线、系统其他各点频率相符。

3. 220kV 各间隔设备状态显示正常

（1）与当时 220kV 母线、母联断路器的实际运行方式相符。

（2）与当时 220kV 出线的实际设备状态相符。

4. 各 220kV 出线潮流、电压正常

（1）象滩 4P30、象紧 4P29 线电流限额：冬季 799A，夏季 640A。

（2）紧睦 2394 线电流限额：冬季 1063A，夏季 881A。

（3）电流与本线的视在功率成正比。

（4）220kV 出线电压：227.6～239.1kV，并与当时 220kV 母线电压情况相符。

5. 220kV 母联断路器电流正常

当 220kV 母联断路器与相邻元件串接作为相邻元件后备保护或 220kV 母差保护停用需投母线解列保护时，控制 220kV 母联断路器负荷电流小于 400A。

6. 1～3 号主变压器的状态显示正常

（1）与当时各台主变压器的实际状态相符。

（2）与当时主变压器 220kV 中性点的实际接地方式相符。

7. 1～3 号主变压器潮流正常

（1）与本单元机组负荷情况相符。

（2）三台主变压器总的有功、无功功率与 220kV 各出线送出的有功、无功功率之和相等。

（3）三台主变压器的电流与其视在功率成正比。

8. 10.5kV 单元母线电压正常

（1）与当时 220kV 母线的电压情况相符。

（2）当有机组运行时，最高电压不得高于 11.55kV，最低电压不得低于 9.45kV。

9. 1～6 号机组运行状态正常，各电气参数显示正常

（1）机组、机组断路器显示的状态相符，并与该机组当时实际的运行状态（或设备状态）相符。

（2）有功功率：有功功率限额 4 号机为 50MW，其他机组为 55MW；与调度指令要求或调度设定值相符；当 AGC 投入时，注意机组有功负荷使机组不进入振动区；当机组调相运行时，有功功率进相 1～2MW 左右。

（3）无功功率：机组调相运行时，其最大调相容量为 40Mvar；当机组带额定有功负荷时，无功功率的正常范围 4 号机为 −15～31Mvar，其他机组为 −15～34Mvar；当机组有功负荷为 0 时，无功功率的允许范围为 −20～40Mvar；与调度指令要求或调度设定值相符。

（4）定子电流：定子电流限额 4 号机为 3235A，其他机组为 3558A；机组定子电流与其视在功率成正比。

（5）转子电流：机组发电运行时转子电流限额 4 号机为 1087A，5 号机为 1235A，其他机组为 1169A；机组调相运行时，转子电流不得超过 1066A；机组空载运行时转子电流 4 号机为 587A，5 号机为 650A，其他机组为 574A。

10. 1 号、2 号厂变、坝区变状态显示正常

（1）与其实际设备状态相符。

（2）与当时厂用电系统、坝区系统的实际运行方式相符。

11. 图片整体

（1）本图的数据会刷新或闪动。

（2）各数据显示无明显异常或不合常理的情况。

（二）站调厂用电接线画面精益化巡检要求

1. 厂用电运行方式正常

（1）正常运行方式：1 号厂变供Ⅰ段，2 号厂变供Ⅱ段分段运行，3 号厂变充电运行（备用）。

（2）确认厂用电备用电源供电正常。

2. 厂用电设备状态显示正常

厂用电设备状态显示正常（断路器、隔离开关、接地开关等）。

3. 厂用母线电压正常

（1）厂用母线电压正常应保持在额定值－10％～＋5％（即 360～420V）范围内运行。

（2）如长时间超出此范围，则应考虑改变厂变分接头挡位，倒换后三相分接头位置必须一致。

（三）站调坝区系统接线画面精益化巡检要求

1. 坝区系统运行方式正常

（1）正常运行方式：坝区 10.5kVⅠ、Ⅱ段母线分段运行，坝区变供Ⅰ段母线，石塘 104 线供Ⅱ段母线，坝区 10.5kV 联络断路器热备用状态。

（2）坝区变、石塘 104 线、过坝 105 线系不同系统电源，任何两者之间不得合环运行。

（3）坝区 10.5kVⅠ、Ⅱ段母线联络运行时，只允许由坝区变或石塘 104 线或过坝 105 线单一电源供电。

2. 坝区系统设备状态显示正常

坝区系统设备状态显示正常（断路器、隔离开关、接地开关等）。

3. 坝区系统电压正常

坝区母线电压在正常范围内运行（10～11kV）。

（四）站调主变压器监视画面精益化巡检要求

1. 主变压器各部温度正常

（1）主变压器绕组温度正常，上层油温最高不超过 85℃，正常监视油温应不超过 75℃。

（2）主变压器左右侧油温正常。

2. 主变压器冷却器运行正常

（1）正常方式：两台冷却器运行，一台冷却器辅助，一台冷却器备用。

（2）辅助冷却器在主变压器过负荷、主变压器油温（或主变压器线圈温度）上升时自动投入运行；备用冷却器在工作冷却器或辅助冷却器故障时自动投入运行。

3. 主变压器电源供电正常

（1）1 号、2 号、3 号主变压器第一套、第二套保护装置电源正常。

（2）1 号、2 号、3 号主变压器冷却器Ⅰ、Ⅱ段电源供电正常。

（五）站调主设备监视量画面精益化巡检要求

1. 机组各部油位正常

（1）推力轴承油位正常范围（36～45cm）。

（2）下导轴承油位正常范围（10～18cm）。

（3）推力、下导轴承油位短时间内（在机组同一状态下）不存在明显下降。

2. 机组各部水压正常

（1）机组总冷却水压力正常（0.5～0.85MPa）。

（2）机组处于发电状态下，水导轴承主供水压力正常（0.1～0.22MPa）。

（3）水导轴承备用水压力正常情况下为零（水导轴承备用水正常开机不投入）。

3. 调速系统正常

（1）压油槽油压处于正常范围（2.3～2.5MPa）。

（2）压油槽油位正常范围（22～47cm）。

（3）集油槽油位正常范围（30～60cm）。

（4）漏油箱油位正常范围（5～24cm）。

（5）1号、2号压油泵及漏油泵工作正常。

4. 蜗壳取水压力正常

机组蜗壳取水水压正常值（0.5～0.85MPa）。

5. 制动风压正常

（1）机组制动气压为 0.5～0.7MPa。

（2）制动转速为额定转速的 12%，制动开始至停止运转过程，不得超过 5min，若时间过长则要检查加闸风管是否通畅，导水叶漏水是否过大。

（六）站调辅助设备监视画面精益化巡检要求

1. 检修排水泵正常

（1）1号、2号检修排水泵无故障。

（2）检修集水井水位处于正常范围（0.5～3.8m）。

2. 渗漏排水泵正常

（1）1号、2号渗漏排水泵无故障。

（2）渗漏集水井水位处于正常范围（0.5～3.7m）。

3. 坝基排水泵正常

（1）1号、2号、3号坝基排水泵无故障。

（2）坝基排水泵工作水位处于正常范围（0.1～1.5m）。

4. 雨水排水泵正常

（1）1号、2号雨水排水泵无故障。

（2）雨水集水井水位处于正常范围（0.5～3.3m）。

5. 高压气机正常

（1）1号、2号高压气机无故障。

（2）高压储气罐气压处于正常范围，气压降至3.5MPa时，工作高压压气机启动；气压降到3.4MPa时，备用高压压气机启动；气压上升至3.8MPa时，高压压气机停止。

6. 低压气机正常

（1）1号、2号低压气机无故障。

（2）加闸储气筒气压处于正常范围（0.5～0.7MPa）。

（3）检修储气筒气压处于正常范围（0.5～0.7MPa）。

（4）加闸、检修储气筒压力均不得低于0.4MPa。

7. 左、右岸泵站正常

（1）左岸泵站1号、2号油泵无故障；

（2）右岸泵站1号、2号油泵无故障。

8. ▽95m廊道、电抗器层水位正常

▽95m廊道、电抗器层无水位过高信号。

（七）站调坝顶闸门控制画面精益化巡检要求

1. 工作闸门正常

（1）机组闸门控制电源无故障。

（2）闸门控制方式处于远方位置。

（3）机组闸门处于"全开"位置，均无下滑200mm和下滑300mm告警。

2. 左、右岸泵站正常

（1）左岸泵站1号、2号油泵无故障。

（2）右岸泵站1号、2号油泵无故障。

（3）左、右岸泵站油位、油温正常。

3. 工作门总控制方式

工作闸门控制方式处于站调位置。

（八）站调光字牌画面精益化巡检要求

确认机组、开关站、公用系统光字牌画面均无黄（红）色告警。

（九）站调开机流程精益化巡检要求

1. 开机条件（热备用机组）

（1）压油槽油压正常。

（2）进水口闸门全开。

（3）机组操作电源正常。

（4）制动风闸落下。

（5）机组无事故。

（6）机组无停机令。

（7）接力器锁锭拔出。

（8）发电机断路器分闸。

（9）磁场断路器合闸。

（10）事故配压阀退出。

（11）制动风压正常。

（12）上位机允许开指示灯亮。

2. 控制方式正常

（1）LCU 控制方式在"远方""梯控"位置。

（2）调速器状态在"自动"位置。

（3）励磁调节器状态在"自动""梯控"位置。

3. 开/停机流程图

（1）热备用状态下，机组开机流程各步骤显示为绿色。

（2）发电状态下，检查冷却水、导叶开度、转速、机端电压符合实际，以及停机流程图各状态正常。

4. 电气状态

（1）处于发电状态机组电压波动范围±5%（10～11kV），发电机运行最高电压不得大于额定值的 110%（11.55kV），发电机运行最低电压一般不应低于额定值的 90%（9.45kV）。

（2）发电机电压、电流满足额定参数要求。

（十）站调机组发电改调相过程监视图精益化巡检要求

调相用气低压储气罐气压正常。

(十一) 站调机组测点温度精益化巡检要求

(1) 发电机定子最高温度不得超过 120℃，转子最高温度不得超过 130℃。

(2) 定子线圈、铁芯、齿压片测点温度不超过 105℃。

(3) 空冷器冷风温度不超过 50℃，热风温度不超过 65℃。

(4) 推力轴瓦正常范围为 5～50℃，上导轴瓦、下导轴瓦为 5～65℃。

(5) 上导油槽、下导油槽热油温在正常范围 5～45℃。

(十二) 站调机组水力机械图精益化巡检要求

(1) 机组机械状态信息正常，与实际相符，无告警信号。

(2) 处于发电状态机组，各部位示流信号器显示正常。

(十三) 站调机组调速器液压系统图精益化巡检要求

1. 调速系统状态正常

(1) 调速器交、直流电源供电正常。

(2) 调速器无故障信号。

(3) 调速器自动控制投入。

(4) 紧急停机电磁阀复归。

(5) 调速器控制方式为自动。

(6) 接力器锁锭退出。

(7) 事故配压阀复归。

2. 压油系统正常

(1) 压油槽油位处于正常范围。

(2) 自动补气压力正常。

(3) 1号、2号压油泵软启装置无故障。

(4) 集油槽油位正常、无混水。

(5) 漏油箱油位正常。

(6) 漏油泵操作电源工作正常。

第四章

精益化巡检
常见缺陷
及其处理

一、一次专业常见缺陷案例及处理手段

[案例1] 巡检发现6号发电机1号电压互感器B相表面有裂纹，大修试验时有放电现象。

处理手段：6号机停役更换电压互感器后经试验正常投入运行。

[案例2] 3号主变压器220kV断路器B相压力偏低，为0.63MPa，报警压力为0.62MPa。

处理手段：进行补气处理，B相由0.63MPa补至0.7MPa。

[案例3] 3号主变压器2号冷却器正常运行中停止运行。

处理手段：经查为热继电器整定值低引起，经调整后正常。

[案例4] 220kV母联电流互感器C相取油样阀渗油。

处理手段：经查发现由密封圈老化引起，更换后正常。

[案例5] 2号机出口母线B相接头温度偏高，达135℃。

处理手段：停役2号机，进行接头处理后正常。

[案例6] 过坝105线开关柜带电显示装置有电磁声，C相灯不亮。

处理手段：经查为带电显示装置接线端子有锈蚀现象，造成放电及指示器损坏，更换带电显示装置后正常。

[案例7] 厂联断路器5ZKK现地分闸指示灯不亮。

处理手段：经查为指示灯损坏，更换后正常。

[案例8] 1号主变压器5号冷却器运行中有轻微的异常声音。

处理手段：经查为逆止阀阀片固定螺丝松动引起，更换逆止阀后正常。

[案例9] 2号主变压器220kV电流互感器油位偏低，到油位底线。

处理手段：补油至正常油位。

[案例10] 3号发电机定子铁芯底板破裂，碎片割破线棒绝缘。

处理手段：停役进行更换线棒和铁芯处理后正常。

[案例11] 主变压器油色谱在线监测装置显示器黑屏。

处理手段：经查为显示器损坏，更换显示器后正常。

[案例12] 3号机整流变压器室墙体有漏水，水溅至整流变上。

处理手段：通过水工建筑物防漏处理后正常。

［案例 13］3 号主变压器 220kV 避雷器 B 相均压环有破裂。

处理手段：停役更换均压环后正常。

［案例 14］线路避雷器电流表 B 相、C 相表计内有水汽。

处理手段：经查有少量水汽，日常加强监视，结合设备停役更换后正常。

［案例 15］220kV 开关站部分隔离开关有明显放电现象。

处理手段：结合设备停役，对放电部位进行了检查，并进行了打磨和刷漆处理后正常。

二、二次专业常见缺陷及处理手段

［案例 1］10.5kV 坝区Ⅰ段母线电压 A 相上位机指示为 0，现地测试三相电压正常。

处理手段：经查，故障原因是坝区Ⅰ段母线电压变送器 A 相输出模块故障，更换该电压变送器后指示正常。

［案例 2］4 号机电测仪表功率变送器检验时零位无输出。

处理手段：更换电能表后正常。

［案例 3］巡检时发现 220kV 故障录波器采样不准确。同时分析软件数据与实际有偏差。

处理手段：

（1）220kV 故障录波器采样不准确，检查确定故障原因为屏内互感器至采样板的通信数据线出现异常，处理后恢复正常。

（2）分析软件数据与实际有偏差是由省调整定单的 AB 段采样频率整定不正确所致，采样频率经省调同意由 4kHz 改为 5kHz，恢复正常。

［案例 4］监控发"公用系统二组直流接地故障""公用系统二组直流系统故障"信号，现地检查母线电压正常，报"16♯馈线绝缘故障"信号。

处理手段：经检查为 220V 直流系统 16 号支路绝缘传感器损坏引起。更换绝缘传感器后恢复正常。

［案例 5］5 号机开机不能并网，检查现地 LCU 触摸屏及上位机数据库

模拟量 5 号机单元母线 C 相电压为 0.39kV，A、B 两相正常。

处理手段：故障原因为 5 号机电测屏内单元电压变送器损坏。更换 5 号机电测屏内单元电压变送器后，设备恢复正常。

［案例 6］巡检中发现 1 号蓄电池组单体监测装置主机屏幕不能显示。

处理手段：经检查，故障原因为监测装置主机的电源模块损坏。更换监测装置主机的电源模块后恢复正常。

［案例 7］上位机发"二组直流接地故障动作""二组直流系统故障动作"信号。

处理手段：经检查为二组直流系统 1 号支路绝缘传感器损坏引起，更换 1 号支路绝缘传感器后恢复正常。

［案例 8］上位机频发"开关站 220kV 故障录波器动作、复归信号"，开关站 220kV 故障录波器屏频发"220V 直流 II 段正对地电压越限信号，正对地电压 145V，负对地电压 87V"。

处理手段：经查为开关站 2 号 220V 充电机 3 号模块绝缘下降引起，更换 3 号模块后恢复正常。

［案例 9］巡检过程中发现直流 I 段母线绝缘下降，1 号绝缘监测装置显示正母对地电压 181V，负母对地电压 52V，正母对地绝缘电阻值 999kΩ，负母对地绝缘电阻值 28kΩ，实测数值与装置监测值相同，判断为直流 I 段母线有接地故障。

处理手段：经认真排查，发现故障点是 85～103 号蓄电池单体监测测试线接头处，由于受潮引起对地绝缘下降。原因是 1 号蓄电池室室内靠近上游侧墙体外侧有坝体渗漏积水，对 85～103 号蓄电池单体监测测试线接头进行单根密封包扎，并将其进行悬空固定，处理后绝缘恢复正常，直流母线电压恢复稳定正常值。

［案例 10］监控发"1 号主变压器冷却器工作电源故障信号"，现地检查"交流二段电源故障"等闪亮。

处理手段：经检查为二段交流电源监视电压继电器 KV2 异常引起。更换后，试验正常。

三、自动化专业常见缺陷及处理手段

[案例 1] 3 号机发"定子线圈温度 T15 93.7 越上限"信号。

处理手段：检查原因是该温包线接线柱的固定螺帽滑牙引起接线接触不良，阻值变大。将该接线更换至另一接线柱后温度指示正常。

[案例 2] 5 号机发调速器局部故障，负荷抽动很大，现地检查调速器故障灯亮，数字阀在主用，开度指示 27%，主配上下抽动很大，故障一览显示比例阀出错，导叶拒动等信息，将调速器切手动运行，调整负荷到 55MW，此时调速器上开度指示仍为 27%。

处理手段：经检查 5 号机发调速器局部故障，负荷抽动很大，是由于机组振动较大导致导叶返馈传感器连杆松动引起，经紧固处理后正常。

[案例 3] 上位机频发 3 号机推力轴承瓦温 T5 点越高限信号。

处理手段：检查该点上机架接线端子箱以外部分正常，在端子箱检测，3 号机推力轴承瓦温 T5 阻值异常变大，判定为温包损坏引起。因需结合机组停役推力油槽解体时进行处理，故暂将该点（对应温度巡检仪上第 26 点）温度封闭，以免误发信号不利于运行人员正常监视。停役更换温包后正常。

[案例 4] 巡检时在 6 号机调速器附近闻到绝缘焦味，检查至检修排水泵处，打开柜门里面有绝缘焦味，听到 1 号检修排水泵软启动装置发出"嗡、嗡、嗡"的持续异音，1 号、2 号检修排水泵软启动装置液晶屏显示"自动、过低、水位 1.77m"，装置"警示"指示灯在闪烁，"自动"指示灯亮。

处理手段：检查 1 号检修排水泵软启动装置损坏，更换备品后自动启、停试验正常。

[案例 5] 4 号机停机态，发定子线圈温度 T16 越上上限（102.2）。

处理手段：经查 4 号机上风洞定子线圈 T16 点温度下端接线柱已损坏，将该点下端线移到上接线柱，经空载试验显示正常。

[案例 6] 5 号机停机态发"5 号机 LCU 交换机故障动作"信号。

处理手段：经检查发现交换机故障原因为 5 号机 LCU 直流 24V 2 号开关电源直流输出熔丝熔断，更换后恢复正常。

[案例 7] 3 号机工作门落下后，现地指示到"0"，但全关指示灯不亮。

处理手段：经检查发现 3 号发电机旁现地控制单元 LCU 屏（二）上二极管指示灯故障，指示灯更换后正常。

[案例 8] 5 号机下导温包接线盒引线漏油。

处理手段：用环氧堵塞处理后正常，继续运行观察。

[案例 9] 1 号机在停机状态下紧急停机电磁阀动作，现地检查紧停动作灯亮，调速器检查正常，紧停手动复归后正常。

处理手段：因水轮机层装修，导致 1 号机漏油泵室 1 号机主令控制器上方渗水，引起主令控制器 5％接点绝缘降低，导致调速器停机联锁保护动作，投紧急停机电磁阀。接点端子已吹干处理，主令控制器上方盖塑料纸防水，经空转开机试验正常。

[案例 10] 5 号机温度控制仪 1WX 无指示。

处理手段：更换温度控制仪后，表计指示正常，信号接点模拟正常。

[案例 11] 6 号机组状态监测系统传感器电源消失。

处理手段：经检查发现 6 号机状态监测系统传感器电源消失是由于状态监测 UPS 装置故障引起，更换 UPS 装置后恢复正常。

[案例 12] 6 号机组状态监测系统无数据。

处理手段：经查为键相片与传感器配合存在问题，停机调整后恢复正常。

[案例 13] 6 号机进水口工作闸门全开状态指示不正常。

处理手段：检查 6 号机进水口工作闸门主令控制器接点位置发生变位，导致信号紊乱。重新调整主令控制器位置接点后正常。

[案例 14] 3 号机在停机状态发"3 号机调速器紧急停机电磁阀动作"信号，现场检查 3 号机 LCU 盘无光字亮，调速器紧停灯亮，其他无信号，紧急停机电磁阀无法复归。

处理手段：检查原因 3 号机 5％导叶位置磁性接点（漏油泵室导叶主令控制器）端子受潮引起，更换磁接点后试验正常。

[案例 15] 4 号机在线监测装置显示：4 号机定子机架垂直 Z 震动二级报警
（374μm）。

处理手段：现场检查定子机架垂直方向未有较明显的垂直震动，分析可能
为在 4 号、5 号风冷中间的垂直传感器故障，更换后正常。

[案例 16] 5 号机备用态发送"5 号发电机空冷器温度升高"动作信号，现
地 5 号机温控仪检查空冷 6WX 报警灯亮，温度显示 46.5℃。

处理手段：检查该点温包测量线性正常，温度换算值相当，对比温度巡检
仪空冷各点温度均为 41℃左右，对 5 号机温控仪空冷 6WX 温度补偿值进
行调整后与温度巡检仪空冷温度一致。

[案例 17] 中控室站调 JSTOPB 机箱内发出很大异常声音。

处理手段：经检查发现 JSTOPB 的硬盘损坏。联系厂家决定将原备用硬盘
更换至 JSTOPB，并进行相应配置，经厂家人员处理后正常。

[案例 18] 1 号检修排水泵打空泵，1 号检修排水泵软启控制器水位显示
3.8M，2 号检修排水泵软启控制器水位显示 1.67M。

处理手段：初步分析为 1 号检修排水泵软启控制器故障引起，更换 1 号检
修排水泵软启控制器后手、自动试验正常。

[案例 19] 2 号检修排水泵在运行，液晶显示：自动、2.1m（数据不会变
动），1 号检修排水泵液晶显示：自动、过低、1.45m，报警灯闪亮。

处理手段：初步分析故障原因为电源干扰所致，检查发现动力柜防雷器空
开在分，合上防雷器空开后，异常情况未再出现。

[案例 20] 坝顶左岸油泵室进水口工作闸门 LCU 屏 1 号、2 号、3 号、5
号、6 号机提闸、落闸操作把手位置指示不正确。

处理手段：检查为提闸、落闸操作把手的底座松动引起，将操作把手底座
位置恢复正确，并紧固底座后，位置指示正确。

四、机械专业常见缺陷及处理手段

[案例 1] 巡检发现 2 号坝基排水泵在反转，关闭出水阀 B202 后不转，初
步判断 2 号坝基排水泵逆止阀损坏引起。

处理手段：因检查发现出水阀 B202 关不死，处理需堵住出水口，暂不处理 2 号泵出水逆止阀。为保证 2 号泵正常运行，现将 3 号泵接入 2 号泵控制回路中，恢复 3 号泵运行，经试验正常。

[案例 2] 2 号机工作门第三段与第四段连杆联接销滑出，1 号机工作门第三段与第四段连杆联接销滑出。

处理手段：固定阀门重量后重新打入联接销，在联接销顶部加焊锁锭板。

[案例 3] 坝顶门机右岸 5T 电动葫芦钢丝绳导向器磨损，不能正常卷钢丝绳。

处理手段：更换钢丝绳导向器，处理后已正常。

[案例 4] 6 号机停机过程中发生推力油槽冷却器漏油。

处理手段：停役解体检查为冷却器中一根铜管破裂，对该铜管进行了封堵隔离，对另一根形变较大的铜管也进行了封堵，处理后正常。

[案例 5] 3 号机手动投入技术供水中，发现水力控制阀 5DP 不能正常开启和关闭。

处理手段：解体检查为水力控制阀上的控制机构异常，限位片损坏，更换控制机构后开启和关闭正常。

[案例 6] 3 号机下导水压较高，达 0.24MPa，反复调节下导进水阀 3207，水压始终不稳定，多次投退总冷却水，下导水压变化较大。

处理手段：检修下导进水阀后，水压稳定为 0.18MPa，再进行空转试验，水压正常。

[案例 7] 4 号机水导备用水管漏水，检查水导备用水管为弯头下面一点渗水。

处理手段：初步分析水管内部锈穿渗水，已用抱箍暂时堵漏处理，不影响正常运行。2 单元备用水退出，更换水管。

[案例 8] 6 号机主供水液压阀渗油。

处理手段：解体检查发现密封圈损坏，更换密封圈后经试验正常。

[案例 9] 1 号机下导油槽渗漏。

处理手段：解体下导油槽，处理密封后装复无明显渗漏。

[案例10] 2号消防水泵出水阀 X243 阀盘根漏水，盘根压盖断裂。

处理手段：更换阀门处理，已正常。

[案例11] 巡检发现2号机主供水电磁阀 5DP 控制软管接头处喷水，检查接头断裂。

处理手段：更换接头后正常。

[案例12] 2号机停机手动投入2号机水导备用水，水导水箱盖与水轮机大轴结合面有水涌出。

处理手段：判断为主轴密封转动环组合缝漏水，单元停役中对渗漏点封堵处理。

[案例13] 4号机发空冷风温越上限，到现地检查发现 5DP 没有投入，经查发现为 5DP 退出后行程杆没有退到位致使接点不通，导致退主用水的开出继电器不能复归，使得开机时 5DP 不能投入。

处理手段：经检查为水力控制阀内密封导向钢套松脱，紧固后试验正常。

[案例14] 上游付厂房3号通风机传动轮皮带断裂，将3号通风机放切。

处理手段：小修中更换皮带后正常。

[案例15] 5号机停机后，上位机发送"5号机上导油位越低限""5号机上导油位越低低限"，现地检查上导油位偏低。

处理手段：现场检查判断为上导油冷器破裂。5号机解体检查，发现油冷器外侧第3根铜管破裂裂口长约 15mm。该铜管变形严重，中间向外鼓出，两头向内凹进并靠紧其他铜管。5号机 B 级检修，更换新油冷器后正常。

[案例16] 2号机运行时水导水箱盖与水轮机大轴结合面有水甩出，水量较大。

处理手段：解体检查发现密封转动环上一只点焊固定螺母脱焊，转动环单侧台起，另一侧下降，间隙一边小一边大，密封圈三分之二圈被撕裂，漏水大。检修重新更换密封圈，调整转动环，装复符合要求，漏水符合要求。

[案例17] 巡检发现6号机自动加闸电磁空气阀 1DKF 漏气，初步判断由阀组密封性差引起。

处理手段：更换空气阀处理，已正常。

［案例18］2号检修排水泵出水管法兰连接处漏水。

处理手段：解体检修发现密封垫破损，更换密封垫后试运行正常。

［案例19］5号发电机下导轴承油槽 X 轴反方向靠大轴侧有渗油，2s 左右一滴。

处理手段：现地检查渗漏点为下导油盆挡油桶密封渗漏，检查挡油桶螺栓部分存在偏松，对挡油桶螺栓紧固后观察5天时间，渗漏量很大改善，现渗漏量为每天两三滴，不影响机组正常运行，安排定期擦油。后5号机 C 级检修中对下导油槽解体更换密封处理正常。

［案例20］1号高压气机油质异常。

处理手段：为排污阀异常造成，解体清洗排污阀，更换润滑油，目前运行情况正常。

参考文献

下列注日期的引用文件，仅该日期对应的版本适用于本书；不注日期的引用文件，其最新版本适用于本书。

国网（运检/3）828－2017《国家电网公司变电运维管理规定（试行）》

DL/T 572《电力变压器运行规程》

DL/T 587《微机继电保护装置运行管理规程》

DL/T 664《带电设备红外诊断技术应用导则》

DL/T 710《水轮机运行规程》

DL/T 724《电力系统用蓄电池直流电源装置运行与维护技术规程》

DL/T 751《水轮发电机运行规程》

Q/GDW 1799.1　《国家电网公司电力安全工作规程　变电部分》

Q/GDW 1799.2　《国家电网公司电力安全工作规程　线路部分》

Q/GDW 1799.3　《国家电网公司电力安全工作规程　水电厂动力部分》